适合初级、中级及高级爆破考试及从业人员

爆破工程设计

主　编　刘夕奇　刘　鑫　刘　鑫

副主编　王东星　陈文昭　胡继生
　　　　郑　燚　吕佳伟

U0380331

东南大学出版社
SOUTHEAST UNIVERSITY PRESS
·南京·

内容简介

本书结合多位专家同行意见及相关工程实例编写而成,内容共 15 章,主要介绍了岩土爆破设计及拆除爆破设计的基本方法。其中岩土爆破设计包括:浅孔台阶爆破,沟槽爆破,深孔台阶爆破,路堑爆破,隧道平巷开挖爆破,建筑基坑、桥台基坑及露天采矿爆破的设计流程及相关参数选取;拆除爆破设计包括:框架结构拆除爆破、砖混结构拆除爆破、烟囱拆除爆破、双曲冷却塔拆除爆破、基础拆除爆破、桥梁拆除爆破的基本设计流程及相关参数选取。

本书可作为初级、中级及高级爆破考试及从业人员的参考书。

图书在版编目(CIP)数据

爆破工程设计 / 刘夕奇,刘鑫,刘鑫主编. — 南京:东南大学出版社,2023.7(2024.11重印)

ISBN 978 - 7 - 5766 - 0790 - 1

Ⅰ.①爆… Ⅱ.①刘… ②刘… Ⅲ.①爆破设计
Ⅳ.①TB41

中国国家版本馆 CIP 数据核字(2023)第 113546 号

责任编辑:丁 丁 责任校对:韩小亮 封面设计:余武莉 责任印制:周荣虎

爆破工程设计

Baopo Gongcheng Sheji

主　　编	刘夕奇　刘　鑫　刘　鑫
副 主 编	王东星　陈文昭　胡继生　郑　燚　吕佳伟
出版发行	东南大学出版社
社　　址	南京市四牌楼 2 号(邮编:210096　电话:025 - 83793330)
出 版 人	白云飞
经　　销	全国各地新华书店
印　　刷	广东虎彩云印刷有限公司
开　　本	700 mm×1000 mm　1/16
印　　张	13.5
字　　数	234 千字
版　　次	2023 年 7 月第 1 版
印　　次	2024 年11月第 3 次印刷
书　　号	ISBN　978 - 7 - 5766 - 0790 - 1
定　　价	68.00 元

本社图书若有印装质量问题,请直接与营销部联系,电话:025 - 83791830。

随着国民经济的发展，我国的工程爆破技术也有了很大的进步。工程爆破是用炸药炸除岩石、破坏构筑物或建筑物的一种瞬间作业。它是通过科学研究、理论探讨、现场试验及实际应用建立起来的一项专门的科学与应用技术。在国民经济的诸多领域，如冶金、铁道、交通、化工、煤炭、建材、石油和水利水电等行业的土石开挖、岩石开采以及建（构）筑物拆除工作中，无一能离开爆破技术。相关领域中的部分科技成果已经达到了国际先进水平。随着工程爆破技术和理论研究不断进步，应用和影响范围不断扩大，工程爆破已成为国民经济建设中不可缺少的特种行业。

公安系统将爆破技术人员按资历、能力分为高、中、低三级，在土岩、拆除、特种三种爆破范围内，重新考核取证，持证上岗。在公安部的统一组织和部署下，协助各省、区、市公安部门开展全国工程爆破技术人员的培训考核工作以来，已培训考核爆破工程技术人员5万余人。爆破工程师培训中唯一指定的教材就是中国工程爆破协会汪旭光院士主编的《爆破设计与施工》《爆破设计与施工试题库》以及它的复习指南，但目前爆破行业针对初级、中级及高级爆破考试及爆破作业人员爆破设计的相关资料较少,爆破从业者学历水平参差不齐,适合各个层次爆破从业者的设计资料缺口较大。

工程是人们综合应用科学理论和技术手段去改造世界的客观活动。近年来,我国爆破行业已经从传统的"控制爆破"进入到"精细爆破",为了适应不同层次水平的从业者,我们需要对工程应用型人才和科学研究型人才采用不同的教材。

本书针对岩土工程及拆除爆破工程领域的爆破设计问题,对各种工程爆破问题的设计流程及相关参数进行了整理,有助于在设计中缕清思路,更加符合不同水平层次人员的自学、考核需要。

我们相信,本套教材的出版对于进一步规范及提高爆破从业人员的技术水平和培养高层次爆破作业人员队伍必将产生积极作用,并为我国经济建设和社会发展做出一定贡献。

2023 年 3 月

爆破技术是利用炸药爆炸的能量，使爆破对象发生变形、破碎、移动和抛掷，达到预定目的的技术。利用爆破能量可以破碎任何坚固的介质或改变介质的形状，所以爆破技术广泛应用于铁路、公路、矿山、水利、水电、建筑等工程的土石方开挖，以及航道的疏浚、建（构）筑物的爆破拆除、机电工程的爆炸加工、石油地质部门的勘探掘进和油气井爆破等，爆破技术在军事工程中的应用同样广泛。

为了满足广大爆破从业人员的考试及应用需求，我们根据近几年的教学及实践经验编写了本书。本书的特点是：面向不同层次的爆破工程考试者及从业者，针对爆破设计进行了系统总结归纳。通过对本教材的学习，可使读者掌握爆破工程设计的基本知识和方法并具有一定独立设计爆破方案的基本技能，为今后进行爆破工程师考试、从事专业技术工作和进一步学习打下必要的基础。

爆破工程设计的内容涉及岩土工程爆破及拆除爆破的基本设计流程及相关参数选取。我们建议在学习本书之前，读者应掌握炸药理论、爆炸力学、岩石力学、工程地质、结构力学等专业课程知识。

本书由刘夕奇、刘鑫、刘鑫主编。具体编写分工如下，第 1 章绪论及第 2、3、4 章：刘夕奇(珠江水利委员会珠江水利科学研究院、水利部珠江河口海岸工程技术研究中心，助理研究员，博士后)；第 5、6、7 章：刘鑫(中国船舶集团国际工程有限公司，工程师，博士)；第 8、9、10、11、15 章：刘鑫(广州市第二市政工程有限公司，博士后)；第 12 章：王东星(武汉大学教授)；第 13 章：陈文昭(南华大学副教授，博士)；第 14 章：胡继生(广州市第二市政工程有限公司，副总工程师)；郑燚(上海城建水务工程有限公司，项目经理)；吕佳伟(上海城建水务工程有限公司，项目经理)。

武汉工程大学吝曼卿教授、武汉理工大学夏元友教授对本书进行了全面审阅，就内容的编排和取舍提出了许多宝贵的意见和指导，对有关参数和名词术语进行了复核，使本书增色不少，在此深表感谢。本书在撰写过程中引用了大量文献，在此，也特别感谢被引用文献的作者们，正是他们的研究成果使我们受益匪浅。

由于编者水平有限，加之时间仓促，本书中不当及错漏之处在所难免，敬请专家和广大读者批评指正。

刘夕奇　刘鑫　刘鑫
2023 年 3 月 1 日

目录

第 1 章
绪　论

　　工程爆破技术经过几十年的发展,已经渗透到经济建设的众多领域,为中国的铁路建设、矿山开采、城市拆旧定向爆破等做出了重要贡献。在铁路、矿山、水库等大型工程中,爆破技术的作用很关键。开山挖隧道和对旧建筑物的拆除都会用到爆破技术。随着经济的发展、工程建设的增多,爆破引起了人们更多的关注。工程爆破为社会发展带来了巨大的经济效益和社会价值,并将在 21 世纪我国持续快速发展的国民经济建设中,继续发挥着不可替代的作用。

1.1　爆破工程设计的主要内容

　　爆破工程设计分为可行性研究、技术设计和施工图设计三个阶段,各阶段设计工作的深度为:

　　1) 可行性研究阶段应对目标项目所处地的地质条件和周边环境进行详细勘察测量,并进行总结,论证爆破方案在技术上的可行性、在经济上的合理性和在安全上的可靠性。

　　(1) 技术可行:技术可行是指爆破设计方案所采用的各项技术在施工中是可行的,通过精心设计,能够达到预期的工程目标和各项要求。

　　(2) 经济合理:经济合理是指爆破工程设计和施工不仅能够实现工程项目提出的主要技术和质量指标,而且有可能降低爆破成本,避免因爆破不当引起额外和后期的工作项目。

　　(3) 安全可靠:安全可靠是指采取必要的安全防护和检测措施,保证爆破作业与环境安全,把爆破底座、空气冲击波、个别飞散物、有害气体、噪声、粉尘和对环境的不良影响限制在允许范围以内,保证施工与爆破安全。

2) 技术设计是提交审核与安全评估的重要文件,在技术设计阶段应将推荐方案充分展开,做到可以按设计文件开始施工的深度。

技术设计要求:做出可实施的爆破技术设计,设计文件应包括(但不限于)爆破方案选择、爆破参数设计、药量计算、爆破网路设计、爆破安全设计等,及相应的炮孔布置图、药量计算表。爆破方案要合理,基本参数应靠谱,设计内容不漏项。

技术设计包括方案的选择、参数的确定、爆破规模的确定。

网路设计包括采用网路的形式、连接方式、段别设计。

安全设计包括爆破震动计算及防震措施、飞石防护措施、其他爆破有害效应的控制。

3) 施工图设计应为施工的正常进行提供翔实的图纸和安全技术要求;对于硐室爆破,还应在装药前提供导硐装药、填塞、网路敷设的施工分解图。

爆破施工图设计应包括以下内容:① 工程概况,即爆破对象、爆破环境概述及相关图纸,爆破工程的质量、工期、安全要求(由来、对象、环境、要求);② 爆破技术方案,即方案比较、选定方案的钻爆参数及相关图纸(工程特点、难点、设计原则);③ 起爆网路设计及起爆网路图;④ 安全设计及防护、警戒图。

1.2 岩土爆破工程设计的主要内容

岩土爆破是利用炸药的爆炸作用对岩石施加荷载,使岩石破坏的力学过程。岩土爆破工程设计包括:浅孔台阶爆破、沟槽爆破、深孔台阶爆破、路堑爆破、隧道平巷开挖爆破、建筑基坑、桥台基坑及露天采矿爆破的设计流程及相关参数选取。具体如下:

1) 爆破设计说明书应包括:

(1) 工程概况、环境与技术要求。

(2) 爆破区地形、地貌、地质条件,被爆体结构、材料及爆破工程量计算。

(3) 设计方案选择

爆破方案要合理。根据爆破要求、环境安全要求和爆破体条件、施工的合理性确定爆破方案:是采用单自由面的掏槽形式的爆破,还是采用多自由面的台阶爆破;是采用深孔台阶爆破,还是采用浅孔台阶爆破;是一次开挖到底还是分层开挖;

是否采用边坡控制爆破;采用何种掏槽形式;以及爆破推进方向、爆破规模、开挖顺序安排等。

(4)爆破参数选择与装药量计算

钻孔直径:国内大型金属露天矿多采用孔径 250、310 mm 的牙轮钻;中小型金属露天矿及非金属矿山采用孔径 100～200 mm 的潜孔钻机;道路路基土石方开挖、场平工程常用的钻孔孔径为 76～170 mm;地下矿山孔径一般为 50～165 mm,地下硐库孔径一般为 75～90 mm;水下爆破孔径一般为 100～150 mm。

单耗:露天台阶深孔爆破场平开挖、道路路基开挖、石灰石矿、浅孔爆破(含基坑爆破)一般中硬岩为 0.35～0.45 kg/m³;露天铁矿一般为 0.50～0.80 kg/m³;水电工程一般为 0.40～0.70 kg/m³;井巷爆破根据断面面积和岩石硬度决定,一般为 1～2.0 kg/m³,煤矿岩巷爆破单耗较低,接近于 1.0 kg/m³;立井工程的单耗一般大于 2.0 kg/m³,桩井爆破的单耗为 2.0～3.0 kg/m³,以及水下爆破单耗 $q=0.45+(0.05～0.15)H$。

孔距:单耗高,孔距小;地下与水下要取小孔距;井巷根据断面决定孔距范围,一般辅助孔取 0.5～0.7 m,周边孔取 0.4～0.6 m,边孔距巷道轮廓取 0.1～0.2 m。

填塞长度:取 25～40 倍孔径,视周边环境而定。大型矿山孔径大,一般取小值,在 20 倍孔径左右,场平工程取 30 倍孔径左右。

(5)安全技术与防护措施

震源的降控:降低起爆药量,合理选择炮孔直径,增加布药的分散性和临空面,减小 K、α 值,减小爆破振动强度;采用低爆速、低密度的炸药;采用不耦合(空气间隔)装药结构;合理安排延期间隔时间,利用振动叠加效应降低振动强度;改善药包约束条件,减少夹制作用,增加岩石破碎、抛掷效果,改善炸药爆炸后的能量分配。

2)设计图纸应包括:① 爆破环境平面图;② 爆破区地形、地质图或被爆体结构图;③ 药包布置平面图和剖面图;④ 药室和导硐平面图、断面图;⑤ 装药和填塞结构图;⑥ 起爆网路敷设图;⑦ 爆破安全范围及岗哨布置图;⑧ 防护工程设计图。

3)施工组织设计内容:① 工程概况及施工方法、设备、机具概述;② 施工准备;③ 钻孔工程或硐室、导硐开挖工程的设计及施工组织;④ 装药及填塞组织;⑤ 起爆网路敷设及起爆站;⑥ 安全警戒与撤离区域及信号标志;⑦ 主要设施与设备的安全防护;⑧ 预防事故的措施;⑨ 爆破指挥部的组织;⑩ 爆破器材购买、运输、贮存、加工、使用的安全制度;⑪ 工程进度表。

1.3 拆除爆破工程设计的主要内容

拆除爆破是利用炸药爆炸释放的能量,拆除各种构(建)筑物的一种控制爆破方法。拆除爆破的含意:拆除,就是对废弃的建(构)筑物进行拆除。拆除有多种方法,如人工拆除、机械拆除、爆破拆除等。拆除爆破是指用爆破的方法进行拆除。它根据拆除对象的结构特征,采用合理的爆破方法和爆破参数,使爆破对象破碎、解体或坍塌,达到清理要求;同时采取必要的防护措施,控制爆破飞石、冲击波和爆破震动等消极作用,保证爆点周围建(构)筑物、设备和人员安全。拆除爆破设计包括:框架结构拆除爆破、砖混结构拆除爆破、烟囱拆除爆破、双曲冷却塔拆除爆破、基础拆除爆破、桥梁拆除爆破的基本设计流程及相关参数选取。具体如下:

1) 拆除爆破技术设计是在总体爆破设计方案确定后编制具体的爆破设计方案,设计文件包括的具体内容有工程概况、爆破设计方案、爆破设计参数选择、爆破网路设计、爆破安全设计及防护措施等。

(1) 工程概况包括:要爆破拆除的建(构)筑物的基本情况,如结构特点、主要尺寸、材质等;周围环境状况,如地面和地下建(构)筑物的分布、交通及其他重要设施的相关情况。

(2) 爆破设计方案要详细描述设计方案的思想和方案的内容,如选择定向倒塌方案的依据、倒塌方向确定的原则、爆破部位的确定、起爆先后次序的安排等。

(3) 爆破设计参数选择是爆破设计的基本内容,它包括炮孔布置、各个药包的最小抵抗线、药包间距、炮孔深度、药量计算、堵塞长度等参数的确定。

炮眼分为垂直眼、水平眼和倾斜眼:一般 a 和 b 以及分层装药时药包之间的距离不宜小于 20 cm。针对不同建筑材料和结构物,炮眼的间距可按混凝土或钢筋混凝土圬工:$a=(1.0\sim1.3)W$;浆砌片石或料石基础 $a=(1.0\sim1.5)W$;多排炮眼一次起爆时,根据材质情况和对爆破块度的要求选取,取 $b=(0.6\sim0.9)a$;多排眼逐排分段起爆时,取 $b=(0.9\sim1.0)a$。

炮眼直径和炮眼深度:在拆除爆破中,一般选择直径 38~42 mm 的钻头钻凿炮眼。一般情况下应使炮眼深度大于最小抵抗线,并使炮眼装药后的堵塞长度大于或等于 $(1.1\sim1.2)W$。对于不同边界条件的拆除物,在保证 $l>W$ 的前提下,炮眼深度可按下述方法确定:当拆除物底部是临空面时,取 $l\leqslant H-W$;当设计爆裂面位于断裂面、伸缩缝或施工缝等部位时，取 $l=(0.7\sim0.8)H$；当设计爆裂面位于变截面部位时，取 $l=(0.9\sim1.0)H$；当设计爆裂面位于匀质、等截面的拆除物内部时，取 $l=1.0H$；当拆除物为板式结构，且上下均有临空面时，取 $l=(0.6\sim0.65)\delta$；若仅一侧有临空面时，取 $l=(0.7\sim0.75)\delta$。

单位用药量系数：单位用药量系数 k 与拆除物的材质、强度、构造以及抵抗线的大小等因素有关。在基础爆破时，可参照表 1.1 确定单位用药量系数。

表 1.1　拆除爆破常用药包规格

1卷炸药制作药包数量/个	10	7	6	5	4
设计药包重量/g	15	20	25	30	40

注：1 卷炸药是指 1 卷二号岩石炸药，重量为 150 g。

药包制作与分层装药：药包制作的常用方法是：将一整卷炸药（重量 150 g）等分成若干份，每份装上雷管，分别用纸筒或塑料布包裹结实，做成药包。为便于操作，药包的重量最好规格化；在较深的炮眼中，采用分层装药，能避免能量集中，防止出现飞石或大块，降低爆破震动。当炮眼深度 $l>1.5W$ 时应分层装药。各层药包间距应满足 $20\ \mathrm{cm}<a,b<W$；装药层数和药量的分配可根据炮眼深度与最小抵抗线的关系按表 1.2 确定。

表 1.2　拆除爆破常用药包规格

炮眼深度	装药层数与药量分配			
	上层药包	第二层药包	第三层药包	第四层药包
$l=(1.6\sim2.5)W$	0.4Q	0.6Q	—	—
$l=(2.6\sim3.7)W$	0.25Q	0.35Q	0.4Q	—
$l>3.7W$	0.15Q	0.25Q	0.25Q	0.35Q

注：Q 为单孔装药量，W 为最小抵抗线。

（4）爆破网路设计包括起爆方法的确定、网路设计计算和连接方法等。

（5）爆破安全设计及防护措施设计的内容包括：根据要保护对象允许的地面质点振动速度确定最大一段起爆药量及一次爆破的总药量；预计拆除物塌落触地振动和飞溅物对周围环境的影响，以及要采取的减震、防震措施；对烟囱水塔类建（构）筑物爆破后可能产生的后座及残体滚落、前冲采取的防护措施；对爆破体表面的覆盖或防护屏障的设置；减少和防护爆破粉尘的措施。

2）拆除爆破必须满足五项基本技术要求：

拆除爆破是一门跨学科的工程技术，它需要对爆炸力学、材料力学、结构力学和断裂力学等工程学科有深入了解，在设计施工中要同时考虑各学科的特点。拆除爆破的对象都是人工建（构）筑物。与岩体开挖爆破相比，拆除爆破的特点主要体现在两个方面：一是工程所处的环境；二是爆破对象物自身的结构与力学性质。前者对爆破安全提出了更高的要求，飞石和震动等爆破有害效应必须控制在可以接受的程度，而后者则对爆破方法及爆破技术参数的选取提出了要求。具体如下：

（1）控制炸药用量。拆除爆破一般在城市复杂环境中进行，炸药释放的多余能量往往会对周围环境造成有害影响。因此，拆除爆破应尽可能少用炸药，将其能量集中于结构失稳，充分利用剪切和挤压冲击力，使建（构）筑结构解体。

（2）控制爆破界限。拆除爆破必须视具体工程要求进行设计与施工，例如对于需要部分保留、部分拆除的建筑物，则需要严格控制爆破的边界，既要达到拆除目的，同时又要确保被保留部分不受影响。

（3）控制倒塌方向。拆除爆破一般环境比较复杂，周围空间有限，特别是对于高层建（构）筑物，如烟囱、水塔等，往往只能有一个方向可供倾倒。这就要求定向非常准确，因为发生侧偏或反向都将造成严重事故，因此准确定向是拆除爆破成功的前提。

（4）控制堆渣范围。随着拆除建（构）筑物越来越高，体量越来越大，爆破解体后碎渣的堆积范围远大于建（构）筑物原先的占地面积。另外，高层建筑爆破后，重力作用下的挤压冲击力很大，其触地后的碎渣具有很大的能量，若爆破解体后渣堆超出允许范围，将导致周边被保护的建（构）筑物、设施的严重破坏。

（5）有害效应控制。上述关键技术要素并非每一项拆除爆破都会碰到。要依据爆破的对象、环境、外部条件和保护要求逐一有针对性地解决。爆破本身对环境产生的影响也称为"爆破的负效应"，即爆破产生的振动、飞石、噪声、冲击波和粉尘，以及建（构）筑物解体时的触地振动，是每一个工程都会遇到的，必须加以严格控制。

第 2 章
浅孔台阶（基坑）爆破设计

2.1 导论

2.1.1 浅孔爆破的基本概念

浅孔爆破是指孔深不超过 5 m（≤5 m），孔径在 50 mm 以下的爆破。浅孔爆破在露天小台阶采矿、沟槽基础开挖、石材开采、地下浅孔崩矿、井巷掘进等工程中得到了较广泛的应用。基坑开挖无侧向自由面时，必须先开挖出一条堑沟，制造出一个侧向自由面。堑沟深度等于台阶高度，位置一般置于基坑中部或岩石破碎区段，应按沟槽爆破方法进行开挖。

台阶要素如图 2.1 所示。

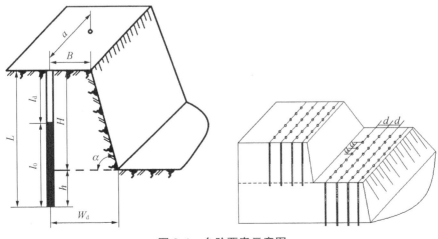

图 2.1 台阶要素示意图

H 为台阶高度;W_d 为前排钻孔的底盘抵抗线;L 为钻孔深度;l_0 为装药长度;l_d 为堵塞长度;h 为超深;α 为台阶破面角;d 为排距;a 为炮孔间距;B 为台阶上眉线至前排孔口的间距。

2.1.2 浅孔爆破的分类

1) 按作业环境的复杂程度分:

(1) 一般性浅孔爆破:环境不复杂,是在炸药用量适当的情况下,不需要加盖防护措施的简单浅孔爆破。

(2) 城镇浅孔爆破:采取控制有害效应的措施,在人口稠密区用浅孔爆破方法开挖和二次破碎大块的作业。

(3) 非城镇保护性浅孔爆破:并非在人口稠密和城镇地区,但是离爆破体旁边距离很近的地方有需要被保护的建(构)筑物和设施,需要对爆破有害效应进行控制的浅孔爆破作业。

2) 按开挖方式分:

(1) 台阶式浅孔爆破:主要用于露天采矿、剥离、场平、路基、基坑、沟槽等开挖。台阶式浅眼爆破的特点是有两个自由面,炸药单耗低,爆破效果好。

(2) 掏槽式浅孔爆破:主要用于井巷、隧道、沟渠、管涵、基坑以及人工孔桩开挖的爆破作业。其目的是在仅有一个自由面的前提下,通过爆破创造新的自由面。其特点是局部炸药单耗高。

(3) 岩块的浅孔爆破:主要用于大块的二次破碎和零星孤石破碎。其特点是具有两个以上的自由面,炸药单耗较低。

2.2 浅孔台阶爆破设计流程

2.2.1 爆破方案

按工程条件及爆破环境确定(＿＿＿＿＿＿)。采用浅孔台阶爆破,台阶高度(＿＿＿＿＿＿m),炮孔直径(36~42 mm),垂直打孔,(＿＿＿＿＿＿)炸药连续装药,导爆管雷管起爆,为控制爆破振动、飞石的影响,采用逐孔起爆。

2.2.2 爆破参数设计

1) 主爆区参数设计

（1）钻孔方向：垂直钻孔；

（2）孔径 $d=(36\sim42\text{ mm})$，取 $d=($ _____ m)；台阶高度 $H=($ _____ m)；

（3）底盘抵抗线 W_1：$W_1=(0.4\sim1.0)H$，取 $W_1=($ _____ m)；

（4）炮孔间距 a：$a=(1.0\sim2.0)W_1$，取 $a=($ _____ m)；

（5）炮孔排距 b：
$$\begin{cases}\text{三角形 }b=0.866a,\\ \text{方形 }b=a,\\ \text{矩形 }b=(0.8\sim1.0)W_1,\end{cases} \Rightarrow \quad \text{取 }b=(\text{_____ m})；$$

（6）超深 h：$h=(0.1\sim0.15)H$，取 $h=($ _____ m)；

（7）炮孔深度 L：$L=H+h$，$L=($ _____ m)；

（8）填塞长度 l：通常 $l=1/3L$，夹制作用大或者控制飞石，取 $l=2/5L$；

（9）炸药单耗 q：根据经验，取 $q=($ _____ kg/m³)；

（10）单孔装药量 Q：第一排 $Q=qaW_1H=($ _____ kg)，取 $Q=($ _____ kg)/后面各排 $Q=kqabH=($ _____ kg)，取 $Q=($ _____ kg)；

（11）装药结构：多孔粒状铵油炸药、2 号乳化炸药、粉状乳化炸药（药卷密度 $0.8\sim0.9$ g/cm³、$0.95\sim1.3$ g/cm³、$0.85\sim1.05$ g/cm³）连续装药，药卷直径一般为（$32\sim35$ mm），延米装药量（ _____ kg/m）。

注：设计中有确定使用的炸药类型，一般采用 $q_{线}=\pi d_{药}^2 \Delta/4\,000$ 计算延米装药量来进行参数校核，调整底盘抵抗线，使之与（10）中计算的单孔装药量相一致。为方便记忆，（11）中所列举的所有炸药的药卷密度可以取 0.9 g/cm³。

2) 预裂爆破参数设计

（1）钻孔方向：垂直钻孔；

（2）孔径 $d_1=(42\sim50\text{ mm})$，取 $d_1=($ _____ mm)，台阶高度 $H=($ _____ m)；

（3）炮孔间距 a_1：$a_1=(8\sim12)d_1$，取 $a_1=($ _____ m)；

（4）炮孔超深 h_1：$h_1=0.2\sim0.5$ m，取 $h_1=($ _____ m)；

（5）预裂炮孔深度 L_1：$L_1=H+h_1=($ _____ m)；

（6）填塞长度 l_1：$l_1=(12\sim20)d_1$，取 $l_1=($ _____ m)；

（7）线装药密度 q_1：根据经验取全线平均装药密度 $q_1=($ _____ kg/m)；

（8）单孔装药量 Q_1：$Q_1 = q_1 L_1$，取 $Q_1 =$（_____ kg）；

（9）装药结构：分段装药结构，底部 $0.2(L_1 - l_1)$ 加强药（_____ kg），中部 $0.5(L_1 - l_1)$ 普通装药（_____ kg），顶部 $0.3(L_1 - l_1)$ 减弱装药（_____ kg）。将药卷与导爆索绑在一起，再绑在竹片上，形成药串，就位后用纸团封盖药柱，然后用沙、岩粉填塞捣实。

3）光面爆破参数设计

（1）钻孔方向：与设计坡度一致；

（2）孔径 $d_2 =$（42～50 mm），取 $d_2 =$（_____ mm），台阶高度 $H =$（_____ m）；

（3）底盘抵抗线 W_2：$W_2 =$（15～20）d_2，取 $W_2 =$（0.8 m）；

（4）炮孔间距 a_2：$a_2 =$（0.6～0.8）W_2，取 $a_2 =$（0.6～0.8 m）；

（5）炮孔超深 h_2：$h_2 =$（0.5～1.5 m），取 $h_2 =$（_____ m）；

（6）炮孔长度 L_2：$L_2 =$（$H + h_2$）$/\sin\alpha$，取 $L_2 =$（_____ m）；

（7）填塞长度 l_2：$l_2 =$（12～20）d_2，取 $l_2 =$（_____ m）；

（8）线装药密度 q_2：根据经验取全线平均装药密度 $q_2 =$（0.2 kg/m）。

注：这里取 0.2 kg/m，是常用的取值，详细取值范围见表 2.1。

表 2.1　露天浅孔台阶爆破设计参数及取值

主爆区参数	
孔径 d	36～42 mm，浅孔爆破一般垂直钻孔
台阶高度 H	$5 \geq H \geq 1.5$ m，1.5 m 浅孔预裂爆破的最小高度
底盘抵抗线 W_1	$W_1 =$（0.4～1.0）H，岩石坚硬，台阶高度大则取大值
炮孔间距 a	$a =$（1.0～2.0）W_1
炮孔排距 b	$b =$（0.8～1.0）W_1
超深 h	$h =$（0.1～0.15）H
炮孔深度 L	$L = H + h$
填塞长度 l	$l = 1/3L$，$l = 2/5L$
炸药单耗 q	一般取 0.5～1.2 kg/m³，中硬岩为 0.35～0.45 kg/m³，露天铁矿一般为 0.5～0.8 kg/m³
单孔装药量 Q	$Q = qaW_1H$，$Q = kqabH$，$k = 1.1$～1.2
装药结构/线装药密度	多孔粒状铵油炸药连续装药（药卷密度 0.8～0.9 g/cm³），药卷直径一般为 32～35 mm，$q_{线} = \pi d_{药}^2 \Delta / 4\,000$

预裂区参数	
孔径 d_1	42～50 mm,预垂直钻孔
台阶高度 H	同主爆区
炮孔间距 a_1	$a_1=(8\sim12)d_1$,向主体爆区两侧各延伸 5～10 m
预裂炮孔深度 L_1	同主爆区
填塞长度 l_1	$l_1=(12\sim20)d_1$
线装药密度 q_1	用 $q_1=0.034(\sigma_压)^{0.63}d^{0.67}$ 进行校核,250～400 g/m,由于炮孔较浅,所以取小值
单孔装药量 Q_1	$Q_1=q_1L_1$
装药结构	分段装药结构,线装药密度比为 2.0
光爆区参数	
孔径 d_2	42～50 mm,光爆孔采用垂直孔
台阶高度 H	同上主爆区
最小抗线 W_2	$W_2=(15\sim20)d_2$,软岩取大值,硬岩取小值
炮孔间距 a_2	$a_2=(0.6\sim0.8)W_2$
炮孔超深 h_2	$h_2=(0.5\sim1.5\ \text{m})$,孔深和岩石坚硬者取大
炮孔长度 L_2	$L_2=(H+h_2)/\sin\alpha$
填塞长度 l_2	$l_2=(12\sim20)d_2$
线装药密度 q_2	0.15～0.25 kg/m
单孔装药量 Q_2	$Q_2=q_2L_2$
装药结构	分段装药结构,线装药密度比为 1.5
缓冲炮孔参数	
缓冲孔与最后一排主炮孔排距,以及缓冲孔与预裂孔的排距均取(_____ m);缓冲孔孔距为主爆区孔距的一半,即取(_____ m);单孔装药量取主爆区单孔药量的一半,即取(_____ kg)	

（9）单孔装药量 Q_2：$Q_2=q_2L_2$,取 $Q_2=$(_____ kg)；

（10）装药结构:分段装药结构,底部 $0.2(L_2-l_2)$ 加强药(_____ kg),中部 $0.5(L_2-l_2)$ 普通装药(_____ kg),顶部 $0.3(L_2-l_2)$ 减弱装药(_____ kg)。将药卷与导爆索绑在一起,再绑在竹片上,形成药串,就位后用纸团封盖药柱,然后用沙、岩粉填塞捣实。

4）缓冲炮孔参数设计

缓冲孔与最后一排主炮孔排距，以及缓冲孔与预裂孔的排距均取（_____m）；缓冲孔孔距为主爆区孔距的一半，即取（_____m）；单孔装药量取主爆区单孔药量的一半，即取（_____kg）。

附图：爆区炮孔布置示意图、主炮孔、预裂（光面）爆破炮孔装药示意图，如图 2.2、图 2.3 所示。

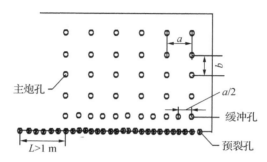

图 2.2　爆区炮孔布置示意图

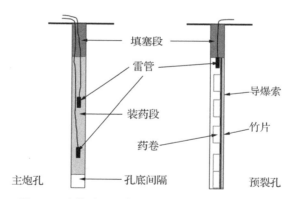

图 2.3　主炮孔、预裂（光面）爆破炮孔装药示意图

注：在实际施工中根据爆破效果和周围环境对以上相关参数进行调整。

2.2.3　起爆网路设计

孔内外毫秒延期网路。

1）预裂：浅孔爆区主爆孔与预裂孔同网起爆。主爆区采用孔内高段、孔外低段接力起爆网路，孔内段别为 MS10（380 ms），孔外同排间炮孔用 MS3（50 ms）段接力、排与排之间用 MS5(110 ms)段接力。预裂孔地表连接不用导爆索，孔内 MS1 段导爆管雷管绑扎导爆索，孔外采用 MS2 段接力，每 2 孔 1 段，预裂孔要先于主爆区 75 ms 起爆，此时主爆区第一段前接 MS4(75 ms)段雷管。

2）光面：浅孔爆区主爆孔与光面孔同网起爆。主爆区采用孔内高段、孔外低段接力起爆网路，孔内段别为 MS10(380 ms)，孔外同排间炮孔用 MS3(50 ms)段接力、排与排之间用 MS5(110 ms)段接力。光面孔地表连接不用导爆索，孔内 MS1 段导爆管雷管绑扎导爆索，孔外采用 MS2 段接力，每 2 孔 1 段，光面孔较主爆孔延期 110 ms 起爆，此时光爆区第一段前接 MS5(110 ms)段雷管。

附图：起爆网路图，如图 2.4、图 2.5 所示。

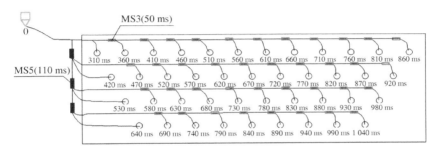

孔内用MS9(310 ms)，排间接力用MS5(110 ms)，孔间接力用MS3(50 ms)

图 2.4 主爆区起爆网路图

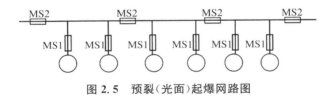

图 2.5 预裂（光面）起爆网路图

2.2.4 安全防护设计

1）爆破振动的控制与防护

（1）爆破振动

$$V=K\left(\frac{\sqrt[3]{Q}}{R}\right)^{\alpha}、\quad Q_{\max}=R^{3}\left(\frac{[V]}{K}\right)^{3/a}、\quad R=\left(\frac{K}{V}\right)^{1/a}Q^{1/3}$$

以 $Q=($_____kg$),R=($_____m$),K=(150),\alpha=(1.5)$代入上式计算，得到 $V=($_____cm/s$)$。根据《爆破安全规程》(GB 6722—2014)规定，浅孔爆破($f=50\sim100$ Hz)一般民用建筑允许的爆破振动速度 $V=($_____cm/s$)$。

或者:根据公式,按国标规定,(_____)安全允许振动速度$[V]=$(_____ cm/s),
(_____) $[V]=$(_____ cm/s),以 $K=(150)$、$\alpha=(1.5)$、$R=$(_____ m)和
(_____ m)及上述数值分别代入,得 $Q_{max}=$(_____ kg)。爆破时只要单响药
量不超过(_____ kg)(合预裂孔),爆破振动对周围建筑物没有危害。

又或:根据上述公式,按国标规定,(_____)安全允许振动速度$[V]=$(_____ cm/s),
以 $K=(150)$、$\alpha=(1.5)$及上述数值分别代入,计算距办公楼不同距离时的最大段
发装药量 Q_{max},如表 2.2 所示。

表 2.2　最大段发装药量 Q_{max}

R/m	10	20	30	50	80	100	150
Q_{max}/kg							

注:浅孔爆破 50~100 Hz;土窑土坯房=1.1~1.5 cm/s;砖房=2.7~3.0 cm/s;钢筋混凝土=
4.2~5.0 cm/s;建筑物古迹=0.3~0.5 cm/s;水工隧道=7~15 cm/s;交通隧道=10~20 cm/s;矿
山巷道=15~30 cm/s;发电站及发电中心=0.5 cm/s。

（2）爆破安全距离

$$R_F=20K_F n^2 W_1$$

以 $W_1=$(_____ m),$K_F=(1)$,$n=(1)$代入上式计算,得到 $R_F=$(_____ m)。

（3）冲击波安全允许距离

$$R_k=25\sqrt[3]{Q}$$

R_k 为空气冲击波对掩体内避炮作业人员的安全允许距离,cm;Q 为最大段药
量,kg。

（4）安全防护措施

(_____)与爆区之间开挖减震沟。对(_____)采取加固措施。

爆破产生的飞石及滚落的石块会对被保护的建筑设施造成破坏。为确保飞石
不对建筑物产生危害,应采取的具体措施如下:

严格按照设计施工,保证填塞长度和填塞质量。

临近被保护物的爆区,对爆区表面进行覆盖。先压一层沙土袋,盖一层竹排,
再压一层沙土袋,罩一层尼龙网,最后再压一层沙土袋。形成三层沙土袋,一层竹
排,一层尼龙网,以保证爆区无飞石。

对爆区被保护物,在其朝向爆区的方向上搭上排架,使排架高度超过被保护物
高度,以保证能有效阻挡个别飞石损坏文物。

加强对（_____）边缘的巡查力度，及时对爆后围岩进行喷锚、围护等工作。

2）爆破警戒范围

根据《爆破安全规程》（GB 6722—2014）规定，露天浅孔爆破安全距离按设计但不得小于 200 m，城镇浅孔爆破由设计确定，由于设计采用控制爆破技术，同时对爆区做了多层覆盖，确定安全警戒范围为（_____ m）。

2.3　本讲例题

2.3.1　例题一

某地拟建三栋 27 层楼房及裙楼，2 层地下室需开挖深度 9 m，面积约 8 560 m²、周长约 400 m 的基坑。基坑上部 5 m 为堆积土，采用机械开挖；下部约 4.0 m 为岩石层，爆破方量约 $4×10^4$ m³，工期 4 个月。开挖区周围环境比较复杂：基坑东侧 10 m 处为一所中学的 5 栋框架结构楼房；西南侧紧邻交通要道，50 m 外为居民住宅区、住房为砖混结构；北侧 40 m 处有 5 层框架结构居民楼群。

2.3.2　例题二

新建楼房基础开挖深度为 5 m，其中 −2～−5 m 部分需要爆破开挖，基坑底部（−5 m 处）东西长 60 m，南北宽 20 m，边坡比（垂直：水平）为 1：0.25。岩体为泥质砂岩，整体性较好，普氏系数 $f=4～6$。周围环境为：南面 50 m 处为砖混结构居民住宅楼；北侧 80 m 处为市区主干道；西面 35 m 处为修理厂；东面 100 m 内无建筑及市政设施，无地下水影响。

2.4　参考答案

2.4.1　例题一

1）爆破方案

按工程条件及爆破环境采用浅孔台阶爆破，台阶高度 4 m，炮孔直径 42 mm，垂直打孔，粉状乳化炸药连续装药，导爆管雷管起爆。为控制爆破振动、飞石的影响，采用逐孔起爆。

2）爆破参数设计

（1）主爆区参数设计

① 钻孔方向：垂直钻孔；

② 孔径 $d=36\sim42$ mm，取 $d=42$ mm；台阶高度 $H=4$ m；

③ 底盘抵抗线 W_1：$W_1=(0.4\sim1.0)H$，取 $W_1=1.6$ m；

④ 炮孔间距 a：$a=(1.0\sim2.0)W_1$，取 $a=1.6$ m；

⑤ 炮孔排距 b：矩形布孔，$b=(0.8\sim1.0)W_1$，取 $b=1.3$ m；

⑥ 超深 h：$h=(0.1\sim0.15)H$，取 $h=0.5$ m；

⑦ 炮孔深度 L：$L=H+h=4+0.5$，$L=4.5$ m；

⑧ 填塞长度 l：为控制飞石，取 $l=2/5L=1.8$ m；

⑨ 炸药单耗 q：根据经验，取 $q=0.4$ kg/m³；

⑩ 单孔装药量 Q：第一排 $Q=qaW_1H=4.1$ kg，取 $Q=4$ kg，后面各排 $Q=kqabH=3.99$ kg，取 $Q=4$ kg；

⑪ 装药结构：粉状乳化炸药（药卷密度 1 g/cm³）连续装药，药卷直径为 35 mm，延米装药量 0.96 kg/m。

（2）预裂爆破参数设计

① 钻孔方向：垂直钻孔；

② 孔径 $d_1=(42\sim50$ mm$)$，取 $d_1=42$ mm，台阶高度 $H=4$ m；

③ 炮孔间距 a_1：$a_1=(8\sim12)d_1$，取 $a_1=0.35$ m；

④ 炮孔超深 h_1：$h_1=0.2\sim0.5$ m，取 $h_1=0.2$ m；

⑤ 预裂炮孔深度 L_1：$L_1=H+h_1=3.7$ m；

⑥ 填塞长度 l_1：$l_1=(12\sim20)d_1$，取 $l_1=0.5$ m；

⑦ 线装药密度 q_1：根据经验取全线平均装药密度 $q_1=0.35$ kg/m；

⑧ 单孔装药量 Q_1，$Q_1=q_1L_1$，实取 $Q_1=1.2$ kg；

⑨ 装药结构：分段装药结构，底部 0.6 m 加强装药 0.35 kg，中部 1.6 m 普通装药 0.6 kg，顶部 1 m 减弱装药 0.25 kg。将药卷与导爆索绑在一起，再绑在竹片上，形成药串，就位后用纸团封盖药柱，然后用沙、岩粉填塞捣实。

（3）缓冲炮孔参数设计

缓冲孔与最后一排主炮孔的排距，以及缓冲孔与预裂孔的排距均取 1.3 m。

缓冲孔孔距为主爆区孔距的一半，即取 0.8 m。单孔装药量取主爆区单孔药量的一半，即取 2 kg。

附图：爆区炮孔布置示意图、主炮孔、预裂（光面）爆破炮孔装药示意图，如图 2.6、图 2.7 所示。

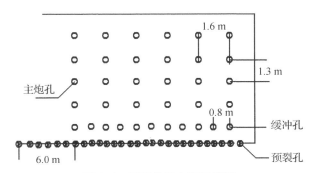

图 2.6　爆区炮孔布置示意图

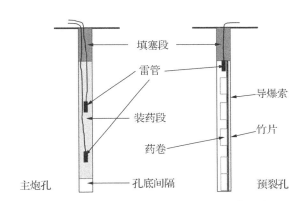

图 2.7　主炮孔、预裂（光面）爆破炮孔装药示意图

注：在实际施工中根据爆破效果和周围环境对以上相关参数进行调整。

3）起爆网路设计

孔内外毫秒延期网路。

预裂：浅孔爆区主爆孔与预裂孔同网起爆，主爆区采用孔内高段、孔外低段接力起爆网路，孔内段别为 MS10（380 ms），孔外同排间炮孔用 MS3（50 ms）段接力、排与排之间用 MS5（110 ms）段接力；预裂孔地表连接不用导爆索，孔内采用 MS1 段导爆管雷管绑扎导爆索，孔外采用 MS2 段接力，每 2 孔 1 段，预裂孔要先于主爆区 75 ms 起爆，此时主爆区第一段前接 MS4（75 ms）段雷管。

附图：起爆网路图，如图 2.8、图 2.9 所示。

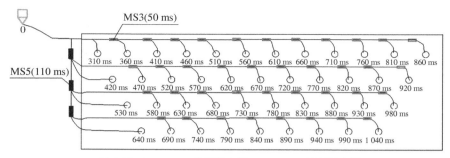

孔内用MS9(310 ms),排间接力用MS5(110 ms),孔间接力用MS3(50 ms)

图 2.8　主爆区起爆网路图

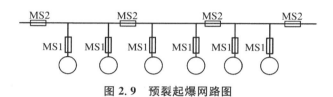

图 2.9　预裂起爆网路图

4）安全防护设计

（1）爆破振动的控制与防护

① 爆破振动

$$V=K\left(\frac{\sqrt[3]{Q}}{R}\right)^{\alpha}$$

以 $Q=4$ kg，$R=40$ m，$K=150$，$\alpha=1.5$ 代入上式计算，得到 $V=1.2$ cm/s 在允许的安全范围内。其余爆区距离均大于 40 m，所以爆破振动对周边建筑物的影响均在许可范围内。

② 爆破安全距离

$$R_{\mathrm{F}}=20K_{\mathrm{F}}n^{2}W_{1}$$

以 $W_1=1.6$ m，$K_{\mathrm{F}}=1$，$n=1$ 代入上式计算，得到 $R_{\mathrm{F}}=32$ m。

③ 安全防护措施

在学校、居民楼与爆区之间开挖减震沟。对临爆区建筑物采取加固措施。

爆破产生的飞石及滚落的石块会对被保护的建筑设施造成破坏。为确保飞石不对建筑物产生危害，采取的具体措施如下：

严格按照设计施工，保证填塞长度和填塞质量。

临近被保护物的爆区，对爆区表面进行覆盖。先压一层沙土袋，盖一层竹排，再压一层沙土袋，罩一层尼龙网，最后再压一层沙土袋。形成三层沙土袋，一层竹排,一层尼龙网,以保证爆区无飞石。

对爆区被保护物,在其朝向爆区的方向上搭上排架,使排架高度超过被保护物高度,以保证能有效阻挡个别飞石损坏文物。

（2）爆破警戒范围

根据《爆破安全规程》（GB 6722—2014）规定,露天浅孔爆破安全距离按设计但不得小于 200 m,城镇浅孔爆破由设计确定,由于设计采用控制爆破技术,同时对爆区做了多层覆盖,确定安全警戒范围为 100 m。

2.4.2 例题二

1）爆破方案

按工程条件及爆破环境采用浅孔台阶爆破,台阶高度 4 m,炮孔直径 40 mm,垂直打孔,多孔粒状铵油炸药连续装药,导爆管雷管起爆,为控制爆破振动、飞石的影响,采用逐孔起爆。

2）爆破参数设计

（1）主爆区参数设计

① 钻孔方向:垂直钻孔;

② 孔径 $d=36\sim42$ mm,取 $d=40$ mm;台阶高度 $H=3$ m;

③ 底盘抵抗线 W_1:$W_1=(0.4\sim1.0)H$,取 $W_1=1.2$ m;

④ 炮孔间距 a:$a=(1.0\sim2.0)W_1$,取 $a=1.5$ m;

⑤ 炮孔排距 b:矩形布孔,$b=(0.8\sim1.0)W_1$,取 $b=1.2$ m;

⑥ 超深 h:$h=(0.1\sim0.15)H$,取 $h=0.4$ m;

⑦ 炮孔深度 L:$L=H+h$,$L=3.4$ m;

⑧ 填塞长度 l:为控制飞石,取 $l=2/5L=1.2$ m;

⑨ 炸药单耗 q:根据经验,取 $q=0.4$ kg/m³;

⑩ 单孔装药量 Q:第一排 $Q=qaW_1H=2.16$ kg,取 $Q=2$ kg;后面各排 $Q=kqabH=2.376$ kg,取 $Q=2.5$ kg;

⑪ 装药结构:多孔粒状铵油炸药（药卷密度 1 g/cm³）连续装药,药卷直径为 35 mm,延米装药量 0.96 kg/m。

（2）预裂爆破参数设计

① 钻孔方向:倾斜钻孔,与设计坡度一致;

② 孔径 $d_1=42\sim50$ mm,取 $d_1=40$ mm;台阶高度 $H=3$ m;

③ 炮孔间距 a_1:$a_1=(8\sim12)d_1$,取 $a_1=0.35$ mm;

④ 炮孔超深 h_1：$h_1=0.2\sim0.5$ m，取 $h_1=0.3$ m；

⑤ 预裂炮孔深度 L_1：$L_1=(H+h_1)/\sin\alpha=3.4$ m；

⑥ 填塞长度 l_1：$l_1=(12\sim20)d_1$，取 $l_1=0.5$ m；

⑦ 线装药密度 q_1：根据经验取全线平均装药密度 $q_1=0.3$ kg/m；

⑧ 单孔装药量 Q_1：$Q_1=q_1L_1=1.02$ kg，取 $Q_1=1$ kg；

⑨ 装药结构：分段装药结构，底部 0.6 m 加强药 0.15 kg，中部 1.5 m 普通装药 0.5 kg，顶部 0.8 m 减弱装药 0.2 kg。将药卷与导爆索绑在一起，再绑在竹片上，形成药串，就位后用纸团封盖药柱，然后用沙、岩粉填塞捣实。

（3）缓冲炮孔参数设计

缓冲孔与最后一排主炮孔排距，以及缓冲孔与预裂孔的排距均取 1.2 m。缓冲孔孔距为主爆区孔距的一半，即取 0.75 m，单孔装药量取主爆区单孔药量的一半，即取 1.25 kg。

附图：爆区炮孔布置示意图、主炮孔、预裂（光面）爆破炮孔装药示意图，如图 2.10、图 2.11 所示。

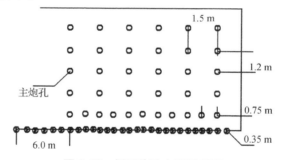

图 2.10 爆区炮孔布置示意图

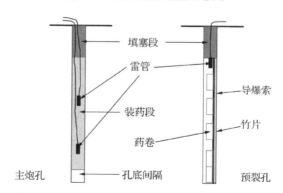

图 2.11 主炮孔、预裂（光面）爆破炮孔装药示意图

注：在实际施工中根据爆破效果和周围环境对以上相关参数进行调整。

3）起爆网路设计

孔内外毫秒延期网路。

预裂：浅孔爆区主爆孔与预裂孔同网起爆。主爆区采用孔内高段、孔外低段接力起爆网路，孔内段别为 MS10(380 ms)，孔外同排间炮孔用 MS3(50 ms) 段接力、排与排之间用 MS5(110 ms) 段接力；预裂孔地表连接不用导爆索，孔内采用 MS1 段导爆管雷管绑扎导爆索，孔外采用 MS2 段接力，每 2 孔 1 段，预裂孔要先于主爆区 75 ms 起爆，此时主爆区第一段前接 MS4(75 ms) 段雷管。

附图：起爆网路图，如图 2.12、图 2.13 所示。

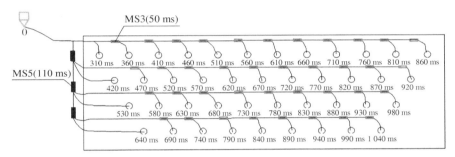

孔内用MS9(310 ms)，排间接力用MS5(110 ms)，孔间接力用MS3(50 ms)

图 2.12　主爆区起爆网路图

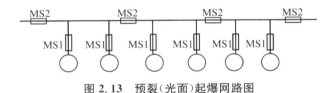

图 2.13　预裂（光面）起爆网路图

4）安全防护设计

（1）爆破振动的控制与防护

① 爆破振动

$$V = K\left(\frac{\sqrt[3]{Q}}{R}\right)^{\alpha}$$

根据公式，按国标规定，修理厂厂房安全允许振动速度 $[V]=3.5$ cm/s，居民楼 $[V]=2.0$ cm/s，以 $K=150$、$\alpha=1.5$、$R=35$ m 和 50 m 及上述数值分别代入，得 $Q_{max}=23.3$ kg、22.2 kg。爆破时只要单响药量不超过 22 kg（合预裂孔 20 个），爆破振动对周围建筑物就没有危害。

② 爆破安全距离

$$R_F = 20K_F n^2 W_1$$

以 $W_1 = 1.2$ m, $K_F = 1$, $n = 1$ 代入上式计算,得到 $R_F = 24$ m。

③ 安全防护措施

在修理厂、居民楼与爆区之间开挖减震沟。对居民楼及修理厂等周围建筑设施采取加固措施。

爆破产生的飞石及滚落的石块会对被保护的建筑设施造成破坏。为确保飞石不对建筑物产生危害,应采取的具体措施如下:

严格按照设计施工,保证填塞长度和填塞质量。

临近被保护物的爆区,对爆区表面进行覆盖。先压一层沙土袋,盖一层竹排,再压一层沙土袋,罩一层尼龙网,最后再压一层沙土袋。形成三层沙土袋,一层竹排,一层尼龙网,以保证爆区无飞石。

对爆区被保护物,在其朝向爆区的方向上搭上排架,使排架高度超过被保护物高度,以保证能有效阻挡个别飞石损坏文物。

(2) 爆破警戒范围

根据《爆破安全规程》(GB 6722—2014)规定,露天浅孔爆破安全距离按设计但不得小于 200 m,城镇浅孔爆破由设计确定,由于设计采用控制爆破技术,同时对爆区做了多层覆盖,确定安全警戒范围为 100 m。

第3章
沟槽开挖爆破设计

3.1 导论

3.1.1 沟槽爆破的基本概念

一般将台阶宽度小于 4 m 的爆破称为沟槽爆破,包括供水管线、雨水管线、污水管线、电力管线等。沟槽分浅槽和深槽,一般把开挖深度大于上口宽的称为深槽,把槽深小于开口宽的称为浅槽。沟槽按断面形态分为矩形槽、梯形槽和混合槽(如图 3.1)。沟槽爆破仅向上一个临空面,设计时应考虑创造侧向临空面,即沟槽爆破设计属台阶爆破(包括深孔和浅孔台阶)。由于岩石性质及地质构造的复杂性,沟槽爆破参数特别是单耗不易掌握。沟槽爆破比一般爆破技术难度高。

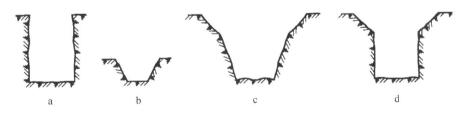

图 3.1 常见沟槽的断面形态
a—矩形深槽;b—梯形浅槽;c—双梯形槽;d—混合槽

3.1.2 沟槽爆破的常用方法

对于深度小于 5 m 的沟槽,可以采用浅孔爆破方法开挖;对于较宽、较深的沟槽开挖,槽边需采用边坡控制爆破的,可采用分层台阶爆破法。上层两侧倾斜炮孔,下层由于上部沟壁的阻碍,不能布两侧倾斜孔,设计时孔网参数取值要小一些,使药量相应分散;但对于是否采取分层爆破,要视具体的炮孔布置情况而定,有条件可对沟壁一次预裂到底,然后再分层开挖,参阅井巷爆破中的光面爆破和预裂爆破技术。对深度超过 5 m 的沟槽,可以采用深孔爆破的方法开挖(参考路堑爆破的设计流程),钻孔孔径取较小值(不宜大于 100 mm);槽边需采用边坡控制爆破的,参阅边坡控制爆破中的光面爆破和预裂爆破技术。合适的主爆破孔至预裂面的距离应当是其炮眼间距的一半,装药量为正常深孔爆破药量的 1/2,最多不超过 2/3。

对深度在 5 m 以上,又有一定宽度的沟槽也可采用较大直径炮孔(50~75 mm)的台阶爆破方法施工。对钻孔直径的选择应兼顾环境安全、生产速度和生产成本等方面的要求。由于手风钻劳动强度大,工作环境差,在一些地方,凿岩台车已是钻孔的首选。一些沟槽虽然深度不足 5 m,在对边坡要求不高,岩石比较风化的情况下,也可采用较大孔径钻孔的台阶爆破。

沟槽爆破常采用浅孔爆破法。一般沟槽的特点是台阶宽度小于台阶高度,宜采用浅孔渐进式爆破开挖法(浅孔台阶爆破法),优点是有两个自由面,但一次爆破排数不宜太多;与一般低台阶爆破比较,其夹制作用大,单位耗药量高,更容易产生飞石、冲击波,爆破地震效应也比较强烈。此外,也可以用上向掏槽的方式:优点是不依赖侧向自由面,一次爆破的槽长不受限制;缺点是夹制作用更大,单耗更高,布孔与装药类似于掘进工程的掏槽孔,安全问题也就更加严峻。当开挖设计要求沟槽壁达到相对完整的效果时,则在爆破设计上必须采取一定的技术措施,例如采用预裂爆破、光面爆破等。

3.2　沟槽爆破设计流程

3.2.1　爆破方案

该(_____)沟槽爆破深度大于沟宽,夹制作用大,采用浅孔台阶渐进式爆破开挖法,分二层开挖,每层台阶高度(_____m)/采用对沟槽一次预裂爆破,再分二层开挖,每层开挖深度(_____m),钻孔直径 $d=40$ mm。开挖由两侧向中间推进,保证爆破时有侧向临空面。倾斜钻孔,每次爆破 5 排,上层开挖超前下层 2~3 个循环。

3.2.2 爆破参数设计

1) 上层台阶—中间炮孔

（1）钻孔方向：中部钻孔向临空面方向倾斜，按 3：1 的斜度布置，钻孔角度 71.5°；

（2）孔径 $d=(36\sim42\ mm)$，取 $d=(\underline{\hspace{2cm}}mm)$；台阶高度 $H=(\underline{\hspace{2cm}}m)$；

（3）底盘抵抗线 W_1：$W_1=(0.4\sim1.0)H$，取 $W_1=(\underline{\hspace{2cm}}m)$；

（4）炮孔间距 a：$a=(1.0\sim2.0)W_1$，取 $a=(\underline{\hspace{2cm}}m)$；

注：根据沟槽宽度取值并确定中间是否布孔，夹制作用大，一般取较小值。

（5）炮孔排距 b：矩形 $b=(0.8\sim1.0)W_1$，取 $b=(\underline{\hspace{2cm}}m)$；

（6）超深 h：$h=(0.1\sim0.15)H$，取 $h=(\underline{\hspace{2cm}}m)$；

注：沟窄、石硬时取大值。

（7）炮孔深度 L：$L=(H+h)/0.95$，$L=(\underline{\hspace{2cm}}m)$；

（8）填塞长度 l：通常 $l=1/3L$，夹制作用大或者控制飞石，取 $l=2/5L$；

（9）线装药密度 $q_{线}$/炸药单耗 q：多孔粒状铵油炸药、2 号乳化炸药、粉状乳化炸药（药卷密度 $0.8\sim0.9\ g/cm^3$、$0.95\sim1.3\ g/cm^3$、$0.85\sim1.05\ g/cm^3$），药卷直径为（$32\sim35\ mm$），$q_{线}=\pi d_{药}^2\Delta/4\ 000$；根据经验及岩石坚固性系数 f，取 $q=(0.45\sim0.5\ kg/m^3)$。

注：上层夹制作用小，一般取较小值。

（10）单孔装药量 Q：$Q=(L-l)q_{线}=(\underline{\hspace{2cm}}kg)$；$Q=qV/n=(\underline{\hspace{2cm}}kg)$。

注：当不采用控制爆破时，已知炸药单耗，可采用体积法计算单孔装药量，但沟槽爆破受到开挖深度及宽度的影响，其炸药单耗值跨度较大，在缺乏工程经验时较难把控。因此，一般采用线装药密度来计算单孔药量。

（11）装药结构：主爆孔采用反向连续不耦合装药结构。

2) 上层台阶—预裂孔

注：亦可对沟槽进行一次预裂爆破，再分两层开挖，此时这部分设计数据置于前部分。

（1）钻孔方向：沿坡面钻凿；

（2）孔径 $d_1=(42\sim50\ mm)$，取 $d_1=(\underline{\hspace{2cm}}mm)$，台阶高度 $H=(\underline{\hspace{2cm}}m)$；

（3）炮孔间距 a_1：$a_1=(8\sim12)d_1$，取 $a_1=(\underline{\hspace{2cm}}m)$；

（4）炮孔超深 h_1：$h_1=(0.2\sim0.5\ m)$，取 $h_1=(\underline{\hspace{2cm}}m)$；

（5）炮孔长度 L_1：$L_1=(H+h_1)/\sin\alpha$，取 $L_1=(\underline{\hspace{2cm}}m)$；

（6）填塞长度 l_1 : $l_1 = (12 \sim 20)d_1$, $l_1 \geqslant 1.0$,取 $l_1 = ($ _____ m）；

（7）线装药密度 q_1 :据经验取全线平均装药密度 $q_1 = (0.25 \sim 0.4 \text{ kg/m})$ ；

（8）单孔装药量 Q_1 : $Q_1 = q_1 L_1$,取 $Q_1 = ($ _____ kg）；

（9）装药结构:分段装药结构,底部 $0.2(L_1 - l_1)$ 加强药（_____ kg）,中部 $0.5(L_1 - l_1)$ 普通装药（_____ kg）,顶部 $0.3(L_1 - l_1)$ 减弱装药（_____ kg）。将药卷与导爆索绑在一起,再绑在竹片上,形成药串,就位后用纸团封盖药柱,然后用沙、岩粉填塞捣实。

3）上层台阶—光爆孔

（1）钻孔方向:与设计坡度一致；

（2）孔径 $d_2 = (42 \sim 50 \text{ mm})$,取 $d_2 = (42 \text{ mm})$,台阶高度 $H = ($ _____ m）；

（3）底盘抵抗线 W_2 , $W_2 = (15 \sim 20)d_2$,取 $W_2 = (0.8 \text{ m})$ ；

（4）炮孔间距 a_2 : $a_2 = (0.6 \sim 0.8)W_2$,取 $a_2 = (0.6 \sim 0.8 \text{ m})$ ；

（5）炮孔超深 h_2 : $h_2 = (0.5 \sim 1.5 \text{ m})$ ；

（6）炮孔长度 L_2 : $L_2 = (H + h_2)/\sin\alpha$,取 $L_2 = ($ _____ m）；

（7）填塞长度 l_2 : $l_2 = (12 \sim 20)d_2$,取 $l_2 = ($ _____ m）；

（8）线装药密度 q_2 :根据经验取全线平均装药密度 $q_2 = (0.2 \text{ kg/m})$ ；

注:这里取 0.2 kg/m ,是常用的取值,详细取值范围见表 3.1。

表 3.1　沟槽爆破设计参数及取值——夹制作用大,一般取小的孔网参数

主爆区参数	
孔径 d	$36 \sim 42 \text{ mm}$,钻孔角度 $71.5°$
台阶高度 H	$5 \text{ m} \geqslant H \geqslant 1.5 \text{ m}$, 1.5 m 为浅孔预裂爆破的最小高度
底盘抵抗线 W_1	$W_1 = (0.4 \sim 1.0)H$,岩石坚硬,台阶高度大则取大值
炮孔间距 a	$a = (1.0 \sim 2.0)W_1$
炮孔排距 b	$b = (0.8 \sim 1.0)W_1$
超深 h	$h = (0.1 \sim 0.15)H$
炮孔深度 L	$L = H + h$
填塞长度 l	$l = 1/3L$, $l = 2/5L$
单耗 q 或线装药 $q_\text{线}$	单耗: $q = 0.45 \sim 0.5 \text{ kg/m}^3$;多孔粒状铵油炸药连续装药(药卷密度 $0.8 \sim 0.9 \text{ g/cm}^3$),药卷直径一般为 $32 \sim 35 \text{ mm}$, $q_\text{线} = 1 \text{ kg/m}$,也常取线装药密度 $= 1 \text{ kg/m}$

主爆区参数	
单孔装药量 Q	$Q=q(L-l)$ 或者体积公式
装药结构/线装药密度	主爆孔采用反向连续不耦合装药结构

预裂区参数	
孔径 d_1	$42\sim50$ mm,沿坡面钻凿
台阶高度 H	同主爆区
炮孔间距 a_1	$a_1=(8\sim12)d_1$,向主体爆区两侧各延伸 $2\sim3$ m
预裂炮孔深度 L_1	同主爆区
填塞长度 l_1	$l_1=(12\sim20)d_1$
线装药密度 q_1	用 $q_1=0.034(\sigma_{压})^{0.63}d^{0.67}$ 进行校核,$250\sim400$ g/m,由于炮孔较浅,所以取小值
单孔装药量 Q_1	$Q_1=q_1L_1$
装药结构	分段装药结构,线装药密度比为 2.0

光爆区参数	
孔径 d_2	$42\sim50$ mm,沿坡面钻凿
台阶高度 H	同上主爆区
最小抗线 W_2	$W_2=(15\sim20)d_2$,软岩取大值,硬岩取小值
炮孔间距 a_2	$a_2=(0.6\sim0.8)W_2$
炮孔超深 h_2	$h_2=(0.5\sim1.5$ m),孔深和岩石坚硬者取大
炮孔长度 L_2	$L_2=(H+h_2)/\sin\alpha$
填塞长度 l_2	$l_2=(12\sim20)d_2$
线装药密度 q_2	$0.15\sim0.25$ kg/m
单孔装药量 Q_2	$Q_2=q_2L_2$
装药结构	分段装药结构,线装药密度比为 1.5

注:沟槽爆破夹制作用较大,在选取参数时采用较小的孔网参数。沟槽边坡可以采用边坡控制爆破技术,也可以不采用边坡控制爆破技术。

（9）单孔装药量 Q_2：$Q_2=q_2L_2$,取 $Q_2=$（_____kg）；

（10）装药结构:分段装药结构,底部 $0.2(L_2-l_2)$ 加强药（_____kg）,中部 $0.5(L_2-l_2)$ 普通装药（_____kg）,顶部 $0.3(L_2-l_2)$ 减弱装药（_____kg）。

将药卷与导爆索绑在一起,再绑在竹片上,形成药串,就位后用纸团封盖药柱,然后用沙、岩粉填塞捣实。

4)下层台阶

(1)钻孔方向:中部钻孔向临空面方向倾斜,按3∶1的斜度布置,钻孔角度71.5°;

(2)孔径 $d_3=(40\ \text{mm})$,台阶高度 $H=($_____m$)$;

(3)底盘抵抗线 W_3:$W_3=(0.4\sim1.0)H$,取 $W_3=($_____m$)$;

(4)炮孔间距 a_3:$a_3=(1.0\sim2.0)W_3$,取 $a_3=($_____m$)$;

注:根据沟槽宽度取值并确定中间是否布孔,夹制作用大,一般取较小值。

(5)炮孔排距 b_3:矩形 $b_3=(0.8\sim1.0)W_3$,取 $b_3=($_____m$)$;

(6)超深 h_3:$h_3=(0.1\sim0.15)H$,取 $h_3=($_____m$)$;

注:沟窄、石硬时取大值。

(7)炮孔深度 L_3:$L_3=(H+h_3)/0.95$,$L_3=($_____m$)$;

(8)填塞长度 l_3:通常 $l_3=1/3L_3$,夹制作用大或者控制飞石,取 $l_3=2/5L_3$;

(9)线装药密度 q_x/炸药单耗 q_3:多孔粒状铵油炸药、2号乳化炸药、粉状乳化炸药(药卷密度 $\Delta=0.8\sim0.9\ \text{g/cm}^3$、$0.95\sim1.3\ \text{g/cm}^3$、$0.85\sim1.05\ \text{g/cm}^3$),药卷直径为($32\sim35\ \text{mm}$),$q_x=\pi d_{\text{药}}^2\Delta/4\ 000$;根据经验及岩石坚固性系数 f,取 $q=(0.45\sim0.5\ \text{kg/m}^3)$。

注:下层夹制作用大,一般取较大值。

(10)单孔装药量 Q_3:$Q_3=(L_3-l_3)q_x=($_____kg$)$、$Q_3=q_3V/n=($_____kg$)$;

注:沟槽爆破受到开挖深度及宽度的影响,其炸药单耗值跨度较大,在缺乏工程经验时较难把控,因此,一般采用线装药密度来计算单孔药量。

(11)装药结构:主爆孔采用反向连续不耦合装药结构。

附图:爆区炮孔布置断面示意图、炮孔布置纵剖面示意图、炮孔平面布置图、主炮孔、预裂(光面)孔装药图,如图3.2、图3.3、图3.4、图3.5所示。

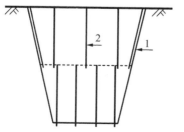

图3.2 炮孔布置断面示意图

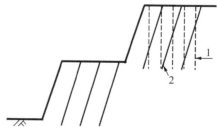

图3.3 炮孔布置纵剖面示意图

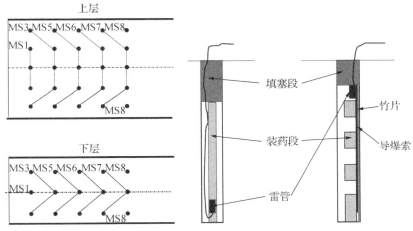

图 3.4 炮孔平面布置图　　图 3.5 主炮孔、预裂(光面)孔装药图

注:在实际施工中根据爆破效果和周围环境对以上相关参数进行调整。

3.2.3 起爆网路设计

预裂:预裂孔:先于主爆破孔起爆,采用导爆索起爆网路,两侧分别用 MS1 和 MS3 段导爆管毫秒延时雷管起爆导爆索,预裂孔超前主装药孔 3.5 m,即第一次预裂两侧各(_____)个孔,总药量(_____kg),单段起爆药量为(_____kg);主爆孔:采用导爆管起爆网路,排间毫秒延时爆破。从前往后分别采用 MS1、MS3、MS5、MS6 和 MS7 段毫秒延时雷管,单段起爆药量为(_____kg);下层采用导爆管起爆网路,V 型毫秒延时爆破。从前往后分别采用 MS1、MS3、MS5、MS6、MS7 和 MS8 段毫秒延时雷管,单段起爆药量为(_____kg)。

光面:采用导爆管雷管孔内毫秒延时起爆网路。光爆孔孔内用导爆索将药卷连接起来,再接入导爆管雷管引出孔外,与主炮孔的导爆管雷管组成导爆管捆联网路,用电雷管击发起爆。起爆顺序见图 3.6、图 3.7、图 3.8、图 3.9。

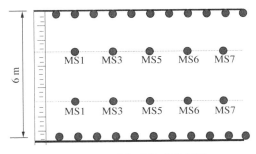

图 3.6 预裂上层炮孔起爆图

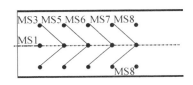

图 3.7 预裂下层炮孔起爆网路图

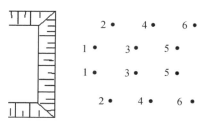

图 3.8 光面爆破上层炮孔起爆图

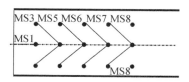

图 3.9 光面下层炮孔起爆网路图

3.2.4 安全防护设计

1) 爆破振动的控制与防护

(1) 爆破振动

$$V=K\left(\frac{\sqrt[3]{Q}}{R}\right)^{\alpha}、\quad Q_{\max}=R^3\left(\frac{[V]}{K}\right)^{3/\alpha}、\quad R=\left(\frac{K}{V}\right)^{1/\alpha}Q^{1/3}$$

以 $Q=($_____$kg)$,$R=($_____$m)$,$K=(150)$,$\alpha=(1.5)$代入上式计算,得到 $V=($_____$cm/s)$,根据《爆破安全规程》(GB 6722—2014)规定,浅孔爆破($f=50\sim100\ Hz$)一般民用建筑允许的爆破振动速度 $V=($_____$cm/s)$。

或者:根据上述公式,按国标规定,(_____)安全允许振动速度$[V]=($_____$cm/s)$,(_____)$[V]=($_____$cm/s)$,以 $K=(150)$、$\alpha=(1.5)$、$R=($_____$m)$和(_____m)及上述数值分别代入,得 $Q_{\max}=($_____$kg)$。爆破时只要单响药量不超过(_____kg)(合预裂孔),则爆破振动对周围建筑物没有危害。

又或:根据上述公式,按国标规定,(_____)安全允许振动速度$[V]=($_____$cm/s)$,以 $K=(150)$、$\alpha=(1.5)$及上述数值分别代入,计算距办公楼不同距离时的最大段发装药量 $Q_{\max}$,如表 3.2 所示。

表 3.2 最大段发装药量 $Q_{\max}$

R/m	10	20	30	50	80	100	150
$Q_{\max}/kg$							

注:浅孔爆破 $50\sim100\ Hz$:土窑土坯房$=1.1\sim1.5\ cm/s$;砖房$=2.7\sim3.0\ cm/s$;钢筋混凝土$=4.2\sim5.0\ cm/s$;建筑物古迹$=0.3\sim0.5\ cm/s$;水工隧道$=7\sim15\ cm/s$;交通隧道$=10\sim20\ cm/s$;矿山巷道$=15\sim30\ cm/s$;发电站及发电中心$=0.5\ cm/s$。

（2）爆破安全距离

$$R_F = 20K_F n^2 W_1$$

以 $W_1 = (\underline{\hspace{3cm}} m)$，$K_F = (1)$，$n = (1)$ 代入上式计算，得到 $R_F = (\underline{\hspace{3cm}} m)$。

（3）冲击波安全允许距离

$$R_k = 25\sqrt[3]{Q}$$

R_k 为空气冲击波对掩体内避炮作业人员的安全允许距离，cm；Q 为最大段药量，kg。

（4）安全防护措施

（$\underline{\hspace{2cm}}$）与爆区之间开挖减震沟。对（$\underline{\hspace{2cm}}$）采取加固措施。

爆破产生的飞石及滚落的石块会对被保护的建筑设施造成破坏。为保护飞石不对建筑物产生危害，可采取的具体措施如下：

严格按照设计施工，保证填塞长度和填塞质量。

临近被保护物的爆区，对爆区表面进行覆盖。先压一层沙土袋，盖一层竹排，再压一层沙土袋，罩一层尼龙网，最后再压一层沙土袋。形成三层沙土袋，一层竹排，一层尼龙网，以保证爆区无飞石。

对爆区被保护物，在其朝向爆区的方向上搭上排架，使排架高度超过被保护物高度，以保证能有效阻挡个别飞石损坏文物。

2）爆破警戒范围

根据《爆破安全规程》（GB 6722—2014）规定，露天浅孔爆破安全距离按设计确定但不得小于 200 m，城镇浅孔爆破由设计确定。由于设计采用控制爆破技术，同时对爆区做了多层覆盖，确定安全警戒范围为（$\underline{\hspace{3cm}} m$）。

3.3 本讲例题

3.3.1 例题一

某开挖沟槽长 300 m，深 6 m，上宽 8 m，底宽 4 m，$f = 8 \sim 10$。设计要求：做出可实施的爆破技术设计，设计文件应包括（但不限于）：爆破方案选择、爆破参数设计、药量计算、起爆网路设计、爆破安全设计。

3.3.2　例题二

某办公大楼通信管线工程,需开挖沟槽长 300 m,开挖断面:上口宽 1.5 m,底宽 1.0 m,开挖深度 2.0 m。周围无其他建筑设施,地势平坦,岩石为砂岩,中等风化,裂隙不发育,坚固性系数 $f=7\sim9$。设计要求:依据本工程,请选择合理的爆破施工方案;根据方案做出主要的技术设计步骤及相应的参数计算。

3.3.3　例题三

某住宅小区要修建综合管网配套工程,需开挖沟槽长 240 m,下挖深度 4 m,上口宽 4 m,底宽 2.5 m。开挖边线距住宅楼仅 20 m,环境较复杂。岩石为中风化花岗岩。

3.4　参考答案

3.4.1　例题一

1) 爆破方案

该开挖沟槽爆破深度大于沟宽,夹制作用大,采用浅孔台阶渐进式爆破开挖法,分二层开挖,每层台阶高度 3 m,钻孔直径 $d=40$ mm。开挖由两侧向中间推进,保证爆破时有侧向临空面。倾斜钻孔,每次爆破 5 排,上层开挖超前下层 2~3 个循环。

2) 爆破参数设计

(1) 上层台阶—中间炮孔

① 钻孔方向:中部钻孔向临空面方向倾斜,按 3∶1 的斜度布置,钻孔角度 71.5°;

② 孔径 $d=36\sim42$ mm,取 $d=40$ mm;台阶高度 $H=3$ m;

③ 底盘抵抗线 W_1:$W_1=(0.4\sim1.0)H$,取 $W_1=1.2$ m;

④ 炮孔间距 a:$a=(1.0\sim2.0)W_1$,取 $a=1.2$ m;

⑤ 炮孔排距 b:矩形 $b=(0.8\sim1.0)W_1$,取 $b=1.2$ m;

⑥ 超深 h:$h=(0.1\sim0.15)H$,取 $h=0.4$ m;

⑦ 炮孔深度 L:$L=(H+h)/0.95$,$L=3.6$ m;

⑧ 填塞长度 l:夹制作用大并控制飞石,取 $l=2/5L=1.4$ m;

⑨ 线装药密度 $q_线$:多孔粒状铵油炸药(药卷密度 $\Delta=1$ g/cm³)连续装药,药卷直径 $d_药$ 为 35 mm,$q_线=\pi d_药^2 \Delta/4\,000=0.96$ kg/m³;

⑩ 单孔装药量 Q:$Q=(L-l)q_线=2.11$ kg,实取 $Q=2$ kg;

⑪ 装药结构:主爆孔采用反向连续不耦合装药结构。

（2）上层台阶—预裂孔

① 钻孔方向:沿坡面钻凿;

② 孔径 $d_1=42\sim50$ mm,取 $d_1=40$ mm,台阶高度 $H=3$ m;

③ 炮孔间距 a_1:$a_1=(8\sim12)d_1$,取 $a_1=0.35$ m;

④ 炮孔超深 h_1:$h_1=0.2\sim0.5$ m,取 $h_1=0.3$ m;

⑤ 炮孔长度 L_1:$L_1=H/\sin\alpha+h_1=3/0.95+0.3=3.46$ m,取 $L_1=3.5$ m;

⑥ 填塞长度 l_1:$l_1=(12\sim20)d_1$,$l_1\geqslant1.0$ m,取 $l_1=1$ m;

⑦ 线装药密度 q_1:据经验取全线平均装药密度 $q_1=0.35$ kg/m;

⑧ 单孔装药量 Q_1:$Q_1=q_1L_1$,取 $Q_1=1.2$ kg;

⑨ 装药结构:分段装药结构,底部 0.5 m 加强药 0.35 kg,中部 1.2 m 普通装药 0.6 kg,顶部 0.8 m 减弱装药 0.25 kg。将药卷与导爆索绑在一起,再绑在竹片上,形成药串,就位后用纸团封盖药柱,然后用沙、岩粉填塞捣实。

（3）下层台阶

① 钻孔方向:中部钻孔向临空面方向倾斜,按 3:1 的斜度布置,钻孔角度 71.5°;

② 孔径 $d_3=40$ mm,台阶高度 $H=3$ m;

③ 底盘抵抗线 W_3:$W_3=(0.4\sim1.0)H$,取 $W_3=1.2$ m;

④ 炮孔间距 a_3:$a_3=(1.0\sim2.0)W_3$,取 $a_3=1.5$ m;

⑤ 炮孔排距 b_3:矩形 $b_3=(0.8\sim1.0)W_3$,取 $b_3=1.2$ m;

⑥ 超深 h_3:$h_3=(0.1\sim0.15)H$,取 $h_3=0.4$ m;

⑦ 炮孔深度 L_3:$L_3=H/0.95+h_3=3.55$ m,取 $L_3=3.6$ m;

⑧ 填塞长度 l_3:夹制作用大并控制飞石,取 $l_3=2/5L_3=1.4$ m;

⑨ 线装药密度 q_x:多孔粒状铵油炸药(药卷密度 1 g/cm³),药卷直径为 35 mm,取 $q_x=0.96$ kg/m。

⑩ 单孔装药量 Q_3:$Q_3=(L_3-l_3)q_x=2.11$ kg,实取 $Q_3=2$ kg;

⑪ 装药结构:主爆孔采用反向连续不耦合装药结构。

附图:爆区炮孔布置断面示意图、炮孔布置纵剖面示意图、炮孔平面布置图、主炮孔、预裂孔装药图,如图 3.10、图 3.11、图 3.12、图 3.13 所示。

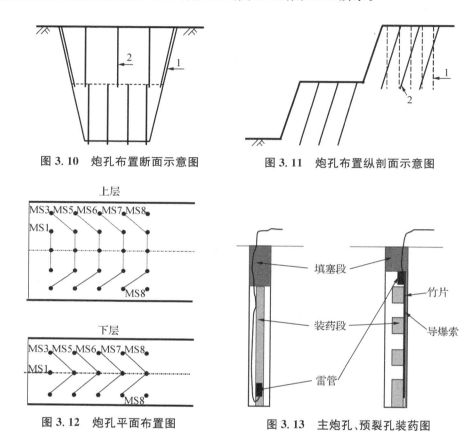

图 3.10　炮孔布置断面示意图　　　　图 3.11　炮孔布置纵剖面示意图

图 3.12　炮孔平面布置图　　　　图 3.13　主炮孔、预裂孔装药图

注:在实际施工中根据爆破效果和周围环境对以上相关参数进行调整。

3)起爆网路设计

预裂孔:先于主爆破孔起爆,采用导爆索起爆网路,两侧分别用 MS1 和 MS3 段导爆管毫秒延时雷管起爆导爆索,预裂孔超前主装药孔 3.5 m,即第一次预裂两侧各 10 个孔,总药量 24 kg,单段起爆药量为 12 kg。主爆孔:采用导爆管起爆网路,排间毫秒延时爆破。从前往后分别采用 MS1、MS3、MS5、MS6 和 MS7 段毫秒延时雷管,单段起爆药量为 10 kg;下层采用导爆管起爆网路,V 型毫秒延时爆破。从前往后分别采用 MS1、MS3、MS5、MS6、MS7 和 MS8 段毫秒延时雷管,单段起爆药量为 6 kg。上层炮孔起爆图、下层炮孔起爆网路图如图 3.14、图 3.15 所示。

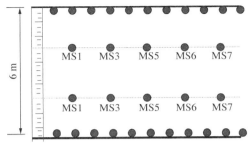

图 3.14　上层炮孔起爆图

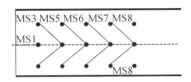

图 3.15　下层炮孔起爆网路图

4）安全防护设计

（1）爆破振动的控制与防护

① 爆破振动

$$Q_{\max}=R^3\left(\frac{[V]}{K}\right)^{3/\alpha}$$

根据上述公式，按国标规定，办公楼安全允许振动速度$[V]=2.5\ \mathrm{cm/s}$，以$K=150$、$\alpha=1.5$及上述数值分别代入，计算距办公楼不同距离时的最大段发装药量$Q_{\max}$，如表3.3所示。

表 3.3　最大段发装药量 $Q_{\max}$

R/m	10	20	30	50	80	100	150
$Q_{\max}/\mathrm{kg}$	0.27	2.22	7.5	34.7	142.2	277.8	937.5

② 爆破安全距离

$$R_{\mathrm{F}}=20K_{\mathrm{F}}n^2W_1$$

以$W_1=1.2\ \mathrm{m}$，$K_{\mathrm{F}}=1$，$n=1$代入上式计算，得到$R_{\mathrm{F}}=24\ \mathrm{m}$。

③ 安全防护措施

在被保护物与爆区之间开挖减震沟。对被保护物采取加固措施。

爆破产生的飞石及滚落的石块会对被保护的建筑设施造成破坏。为保护飞石不对建筑物产生危害，可采取的具体措施如下：

严格按照设计施工，保证填塞长度和填塞质量。

临近被保护物的爆区，对爆区表面进行覆盖。先压一层沙土袋，盖一层竹排，再压一层沙土袋，罩一层尼龙网，最后再压一层沙土袋。形成三层沙土袋，一层竹排，一层尼龙网，以保证爆区无飞石。

对爆区被保护物,在其朝向爆区的方向上搭上排架,使排架高度超过被保护物高度,以保证能有效阻挡个别飞石损坏文物。

(2) 爆破警戒范围

根据《爆破安全规程》(GB 6722—2014)规定,露天浅孔爆破安全距离按设计但不得小于 200 m,城镇浅孔爆破由设计确定。由于设计采用控制爆破技术,同时对爆区做了多层覆盖,确定安全警戒范围为 100 m。

3.4.2 例题二

1) 爆破方案

该办公大楼通信管线工程开挖沟槽爆破深度大于沟宽,夹制作用大,采用浅孔台阶渐进式爆破开挖法,台阶高度 2 m,钻孔直径 $d=40$ mm。开挖由两侧向中间推进,保证爆破时有侧向临空面。倾斜钻孔,每次爆破 5 排,上层开挖超前下层 2~3 个循环。

2) 爆破参数设计

(1) 中间炮孔

① 钻孔方向:中部钻孔向临空面方向倾斜,按 3∶1 的斜度布置,钻孔角度 71.5°;

② 孔径 $d=36\sim42$ mm,取 $d=40$ mm;台阶高度 $H=2$ m;

③ 底盘抵抗线 W_1:$W_1=(0.4\sim1.0)H$,取 $W_1=1.2$ m;

④ 炮孔间距 a:$a=(1.0\sim2.0)W_1$,取 $a=1.2$ m;

⑤ 炮孔排距 b:矩形 $b=(0.8\sim1.0)W_1$,取 $b=1.2$ m;

⑥ 超深 h:$h=(0.1\sim0.15)H$,取 $h=0.3$ m;

⑦ 炮孔深度 L:$L=(H+h)/0.95$,$L=2.4$ m;

⑧ 填塞长度 l:夹制作用,取 $l=2/5L=0.96$ m,取 $l=1$ m;

⑨ 线装药密度 $q_{线}$:多孔粒状铵油炸药(药卷密度 $\Delta=1$ g/cm³)连续装药,药卷直径 $d_{药}$ 为 35 mm,$q_{线}=\pi d_{药}^2\Delta/4\,000=0.96$ kg/m;

⑩ 单孔装药量 Q:$Q=(L-l)q_{线}=1.344$ kg,取 $Q=1.4$ kg;

⑪ 装药结构:主爆孔采用反向连续不耦合装药结构。

(2) 光爆孔

① 钻孔方向:与设计坡度一致;

② 孔径 $d_2=42\sim50$ mm,取 $d_2=42$ mm,台阶高度 $H=2$ m;

③ 底盘抵抗线 W_2:$W_2=(15\sim20)d_2$,取 $W_2=0.7$ m;

④ 炮孔间距 a_2：$a_2 = (0.6 \sim 0.8)W_2$，取 $a_2 = 0.5$ m；

⑤ 炮孔超深 h_2：$h_2 = (0.5 \sim 1.5$ m$)$，取 $h_2 = 0.5$ m；

⑥ 炮孔长度 L_2：$L_2 = (H + h_2)/\sin\alpha$，取 $L_2 = 2.5$ m；

⑦ 填塞长度 l_2：$l_2 = (12 \sim 20)d_2$，取 $l_2 = 0.5$ m；

⑧ 线装药密度 q_2：根据经验取全线平均装药密度 $q_2 = 0.2$ kg/m；

⑨ 单孔装药量 Q_2：$Q_2 = q_2 L_2$，取 $Q_2 = 0.5$ kg；

⑩ 装药结构：分段装药结构，底部 0.4 m 加强药 0.12 kg，中部 1 m 普通装药 0.25 kg，顶部 0.6 m 减弱装药 0.13 kg。将药卷与导爆索绑在一起，再绑在竹片上，形成药串，就位后用纸团封盖药柱，然后用沙、岩粉填塞捣实。

附图：爆区炮孔布置断面示意图、主炮孔、光面孔装药示意图，如图 3.16、图 3.17 所示。

注：在实际施工中根据爆破效果和周围环境对以上相关参数进行调整。

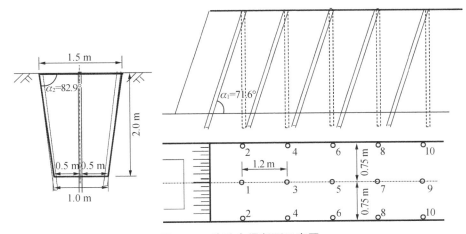

图 3.16 炮孔布置断面示意图

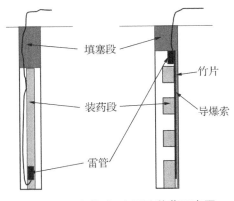

图 3.17 主炮孔、光面孔装药示意图

3）起爆网路设计

采用导爆管雷管孔内毫秒延时起爆网路。光爆孔孔内用导爆索将药卷连接起来，再接入导爆管雷管引出孔外，与主炮孔的导爆管雷管组成导爆管捆联网路，用电雷管击发起爆。起爆顺序见图 3.18。

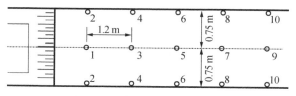

图 3.18　炮孔起爆顺序示意图

4）安全防护设计

（1）破振动的控制与防护

① 爆破振动

$$Q_{\max}=R^3\left(\frac{[V]}{K}\right)^{3/\alpha}$$

根据上述公式，按国标规定，办公楼安全允许振动速度 $[V]=2.5\ \text{cm/s}$，以 $K=150$、$\alpha=1.5$ 及上述数值分别代入，计算距办公楼不同距离时的最大段发装药量 $Q_{\max}$，如表 3.4 所示。

表 3.4　最大段发装药量 $Q_{\max}$

R/m	10	20	30	50	80	100	150
$Q_{\max}/\text{kg}$	0.27	2.22	7.5	34.7	142.2	277.8	937.5

② 爆破安全距离

$$R_{\text{F}}=20K_{\text{F}}n^2W_1$$

以 $W_1=1.2\ \text{m}$，$K_{\text{F}}=1$，$n=1$ 代入上式计算，得到 $R_{\text{F}}=24\ \text{m}$。

③ 安全防护措施

在被保护建筑与爆区之间开挖减震沟。对被保护建筑物采取加固措施。

爆破产生的飞石及滚落的石块会对被保护的建筑设施造成破坏。为保护飞石不对建筑物产生危害，可采取的具体措施如下：

严格按照设计施工，保证填塞长度和填塞质量。

临近被保护物的爆区，对爆区表面进行覆盖。先压一层沙土袋，盖一层竹排，再压一层沙土袋，罩一层尼龙网，最后再压一层沙土袋。形成三层沙土袋，一层竹排,一层尼龙网,以保证爆区无飞石。

对爆区被保护物,在其朝向爆区的方向上搭上排架,使排架高度超过被保护物高度,以保证能有效阻挡个别飞石损坏文物。

(2)爆破警戒范围

根据《爆破安全规程》(GB 6722—2014)规定,露天浅孔爆破安全距离按设计但不得小于 200 m。

3.4.3 例题三

1)爆破方案

该沟槽爆破深度大于沟宽,夹制作用大,采用对沟槽一次预裂爆破,再分二层开挖,每层开挖深度 2 m,钻孔直径 $d=40$ mm。开挖由两侧向中间推进,保证爆破时有侧向临空面。倾斜钻孔,每次爆破 5 排,上层开挖超前下层 2~3 个循环。

2)爆破参数设计

(1)预裂孔

① 钻孔方向:沿坡面钻凿;

② 孔径 $d_1=(40\sim50$ mm$)$,取 $d_1=40$ mm,台阶高度 $H=4$ m;

③ 炮孔间距 a_1:$a_1=(8\sim12)d_1$,取 $a_1=0.35$ m;

④ 炮孔超深 h_1:$h_1=(0.2\sim0.5$m$)$,取 $h_1=0.3$ m;

⑤ 炮孔长度 L_1:$L_1=(H+h_1)/\sin\alpha$,取 $L_1=4.3$ m;

⑥ 填塞长度 l_1:$l_1=(12\sim20)d_1$,$l_1\geqslant1.0$,取 $l_1=1.0$ m;

⑦ 线装药密度 q_1:根据经验取全线平均装药密度 $q_1=0.3$ kg/m;

⑧ 单孔装药量 Q_1:$Q_1=q_1L_1$,取 $Q_1=1.3$ kg;

⑨ 装药结构:分段装药结构,底部加强药 0.4 kg,中部普通装药 0.65 kg,顶部减弱装药 0.25 kg。将药卷与导爆索绑在一起,再绑在竹片上,形成药串,就位后用纸团封盖药柱,然后用沙、岩粉填塞捣实。

(2)上层台阶炮孔

① 钻孔方向:中部钻孔向临空面方向倾斜,按 3:1 的斜度布置,钻孔角度 71.5°;

② 孔径 $d=36\sim42$ mm,取 $d=40$ mm;台阶高度 $H=2$ m;

③ 底盘抵抗线 W_1:$W_1=(0.4\sim1.0)H$,取 $W_1=1.0$ m;

④ 炮孔间距 a:$a=(1.0\sim2.0)W_1$,取 $a=1.2$ m;

⑤ 炮孔排距 b:矩形 $b=(0.8\sim1.0)W_1$,取 $b=1.0$ m;

⑥ 超深 h:$h=(0.1\sim0.15)H$,取 $h=0.3$ m;

⑦ 炮孔深度 L:$L=(H+h)/0.95$,$L=2.4$ m;

⑧ 填塞长度 l:夹制作用大同时控制飞石,取 $l=2/5L=1.0$ m;

⑨ 线装药密度 $q_{线}$:多孔粒状铵油炸药(药卷密度 $\Delta=0.9$ g/cm³)连续装药,药卷直径为 35 mm,$q_{线}=\pi d_{药}^2\Delta/4\,000$,取 $q_{线}=0.87$ kg/m;

⑩ 单孔装药量 Q:$Q=(L-l)q_{线}=1.2$ kg;

⑪ 装药结构:主爆孔采用反向连续不耦合装药结构。

（3）下层台阶炮孔

① 钻孔方向:中部钻孔向临空面方向倾斜,按 3∶1 的斜度布置,钻孔角度 71.5°;

② 孔径 $d_3=40$ mm,台阶高度 $H=2$ m;

③ 底盘抵抗线 W_3:$W_3=(0.4\sim1.0)H$,取 $W_3=1.0$ m;

④ 炮孔间距 a_3:$a_3=(1.0\sim2.0)W_3$,取 $a_3=1.0$ m;

⑤ 炮孔排距 b_3:矩形 $b_3=(0.8\sim1.0)W_3$,取 $b_3=1.0$ m;

⑥ 超深 h_3:$h_3=(0.1\sim0.15)H$,取 $h_3=0.3$ m;

⑦ 炮孔深度 L_3:$L_3=(H+h_3)/0.95$,$L_3=2.4$ m;

⑧ 填塞长度 l_3:夹制作用大或者控制飞石,取 $l_3=2/5L_3=1.0$ m;

⑨ 线装药密度 q_x:多孔粒状铵油炸药(药卷密度 $\Delta=0.9$ g/cm³)连续装药,药卷直径为 35 mm,$q_x=\pi d_{药}^2\Delta/4\,000$,取 $q_x=(0.87$ kg/m$)$;

⑩ 单孔装药量 Q_3:$Q_3=(L_3-l_3)q_x=1.2$ kg;

⑪ 装药结构:主爆孔采用反向连续不耦合装药结构;

附图:爆区炮孔布置断面示意图、炮孔平面布置图,如图 3.19、图 3.20 所示。

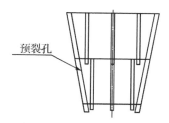

预裂孔

图 3.19 炮孔布置断面示意图

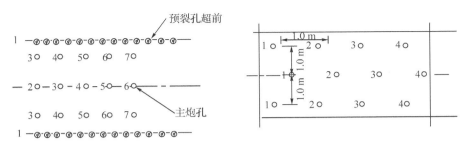

图 3.20　炮孔平面布置图

注：在实际施工中根据爆破效果和周围环境对以上相关参数进行调整。

3）起爆网路设计

预裂孔：先于主爆破孔起爆，采用导爆索起爆网路，两侧分别用 MS1 和 MS3 段导爆管毫秒延时雷管起爆导爆索，预裂孔超前主装药孔 3.5 m，即第一次预裂两侧各 13 个孔，总药量 33.8 kg，单段起爆药量为 16.9 kg；主爆孔：采用导爆管起爆网路，排间毫秒延时爆破。从前往后分别采用 MS1、MS3、MS5、MS6 和 MS7 段毫秒延时雷管，单段起爆药量为 3.6 kg；下层采用导爆管起爆网路，V 型毫秒延时爆破。从前往后分别采用 MS1、MS3、MS5、MS6、MS7 和 MS8 段毫秒延时雷管，单段起爆药量为 3.6 kg。上层炮孔起爆图、下层炮孔起爆网路图如图 3.21、图 3.22 所示。

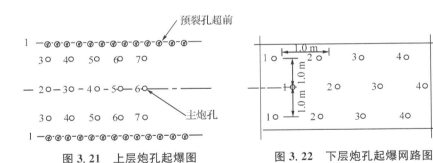

图 3.21　上层炮孔起爆图　　　图 3.22　下层炮孔起爆网路图

4）安全防护设计

（1）爆破振动的控制与防护

① 爆破振动

$$Q_{\max}=R^3\left(\frac{[V]}{K}\right)^{3/\alpha}$$

根据上述公式，按国标规定，住宅楼安全允许振动速度 $[V]=2.3$ cm/s，以 $K=$

150、$a=1.5$、$R=20$ m 及上述数值分别代入,得 $Q_{max}=20$ kg。爆破时只要单响药量不超过 20 kg(合预裂孔),爆破振动对周围建筑物没有危害。

② 爆破安全距离

$$R_F=20K_Fn^2W_1$$

以 $W_1=1.0$ m,$K_F=1$,$n=1$ 代入上式计算,得到 $R_F=20$ m。

③ 安全防护措施

在住宅楼与爆区之间开挖减震沟。对住宅楼采取加固措施。

爆破产生的飞石及滚落的石块会对被保护的建筑设施造成破坏。为保护飞石不对建筑物产生危害,可采取的具体措施如下:

严格按照设计施工,保证填塞长度和填塞质量。

临近被保护物的爆区,对爆区表面进行覆盖。先压一层沙土袋,盖一层竹排,再压一层沙土袋,罩一层尼龙网,最后再压一层沙土袋。形成三层沙土袋,一层竹排,一层尼龙网,以保证爆区无飞石。

对爆区被保护物,在其朝向爆区的方向上搭上排架,使排架高度超过被保护物高度,以保证能有效阻挡个别飞石损坏文物。

(2)爆破警戒范围

根据《爆破安全规程》(GB 6722—2014)规定,露天浅孔爆破安全距离按设计但不得小于 200 m,城镇浅孔爆破由设计确定。由于设计采用控制爆破技术,同时对爆区做了多层覆盖,确定安全警戒范围为 100 m。

第 4 章
露天深孔台阶（基坑）爆破设计

4.1 导论

4.1.1 深孔台阶爆破的基本概念

通常将炮孔孔径大于 50 mm、孔深大于 5 m 的台阶爆破统称为露天深孔台阶爆破。由于它是在两个自由面以上条件下的爆破，多排炮孔间还可以采用毫秒延期起爆，具有一次爆破方量大（可达数千吨级），破碎效果好，振动影响小等优点，因而得到广泛的使用。目前，世界上大部分岩石开挖都采用这一方法。它也是我国水电站坝基开挖的主要爆破方式。露天深孔台阶爆破广泛地用于矿山、铁路、公路和水利水电等工程。

4.1.2 深孔台阶爆破设计所注意的问题

为了尽量减少对爆破周边环境的影响，复杂环境大区深孔台阶爆破能够有利于控制爆破振动、空气冲击波、噪声、个别飞散物、粉尘等爆破有害效应，减少爆破对保留岩体的破坏，必须严格控制单响药量，一般选择较小直径的炮孔，如 76 mm、90 mm、105 mm、115 mm 等。根据复杂环境大区深孔台阶爆破的炮孔排数多的实际情况，通常需要加大设计炸药单耗 q，一般要高出 $30\%\sim50\%$。根据历次工程实践，取 $q=0.45\sim0.6$ kg/m³，对于普氏系数 $f=8\sim12$ 的岩石是比较理想的单耗。为了解决炮孔数目多，钻孔排数多，后爆爆堆受到先爆药包爆堆的阻滞，造成爆堆紧密甚至压死而难于开挖，即保证爆堆有一定的松散度的问题，采用布置加密炮孔的技术措施：每隔 4 排炮孔加密 1 排炮孔。具体加密办法是：在设计炮孔网格不变的前提下,加密排在每两个主炮孔之间加 1 个辅助炮孔,辅助炮孔的炸药主要装在炮孔底部,堵塞长度比主炮孔长,辅助炮孔与前一个主孔同响。

注:建筑物基坑开挖大多采用浅孔爆破法,这种方法采用手持式凿岩机(孔径 38~42 mm)钻孔,要布置较密集的炮孔,工作量大,劳动条件差,爆破次数多,安全不易掌控。因此,在大区复杂环境中,即使台阶高度小于 5 m,一般也需要采用深孔台阶爆破,低台阶采用直径 76 mm。开挖基坑周围环境复杂,爆破安全是首要考虑的问题。虽然基坑开挖深度<5 m,但是若采用浅孔爆破,爆破次数多,安全警戒压力大,同时也会影响基坑其他项目的施工,进度难以保证;加上爆破工期长,基坑裸露时间长,侧向位移大,存在一定安全隐患,难以满足设计规范要求,故采用深孔台阶控制爆破技术。

大孔径钻孔台阶爆破设计时应注意的问题:大孔径钻孔采用牙轮钻钻孔,从安全第一的角度考虑,第一排的底板抵抗线宜采用 $W_1 \geqslant H\cot\alpha + B$ 计算;排距可按孔径公式计算,一般 $W_1 \geqslant b$;大孔径钻孔在大型矿山中使用,一些矿石所需单耗较大;矿山大孔径深孔的填塞长度一般为 5~8 m。大孔径钻孔抵抗线大,后排炮孔计算药量时要考虑矿岩阻力作用的增加系数 k 值。在中小型矿山和场平工程中,钻孔一般采用凿岩台车或潜孔钻机,采用孔径公式计算底盘抵抗线比较合理。在大型矿山中,钻孔采用大型牙轮钻机或重型潜孔钻机,应该采用作业安全条件的经验公式计算底盘抵抗线。

4.2 露天深孔台阶(基坑)爆破设计流程

4.2.1 爆破方案

按工程条件及爆破环境确定采用(_____),台阶高度(_____m),炮孔直径(_____mm),(垂直/倾斜)打孔,(_____)炸药连续(不)耦合装药,导爆管雷管起爆。为控制爆破振动、飞石的影响,采用逐孔起爆。

或者:开挖基坑周围环境复杂,爆破安全是首要考虑的问题。虽然基坑开挖深度<5m,但是若采用浅孔爆破,爆破次数多,安全警戒压力大,同时也影响基坑其他项目的施工,进度难以保证;加上爆破工期长,基坑裸露时间长,侧向位移大,存在一定安全隐患,难以满足设计规范要求,故采用深孔台阶控制爆破技术;台阶高度(_____m),炮孔直径(_____mm),(垂直/倾斜)打孔,(_____)炸药连续(不)耦合装药,导爆管雷管起爆。为控制爆破振动、飞石的影响,采用逐孔起爆。

4.2.2 爆破参数设计

1）主爆区参数设计

（1）钻孔方向：（垂直/倾斜）钻孔；

（2）孔径 $d=$（_____mm），台阶高度 $H=$（_____m）；

（3）底盘抵抗线 W_1：$W_1=(25\sim45)d$，取 $W_1=$（_____m）；

（4）炮孔间距 a：$a=(1.2\sim1.5)W_1$，取 $a=$（_____m）；

（5）炮孔排距 b：矩形 $b=(0.6\sim1.0)W_1$，取 $b=$（_____m）；

（6）超深 h：$h=(8\sim12)d$，取 $h=$（_____m）；

（7）炮孔深度 L：垂直 $L=H+h$，$L=$（_____m）；

　　　　　　　倾斜 $L=H/\sin\alpha+h$，$L=$（_____m）；

（8）填塞长度 l：$l=(20\sim30)d$，取 $l=$（_____m）；

（9）炸药单耗 q：根据经验/岩石坚固性系数 f，取 $q=(0.35\sim0.45\ \text{kg/m}^3)$；

注：露天台阶深孔爆破场平开挖、道路路基开挖、石灰石矿、浅孔爆破（含基坑爆破）一般中硬岩为 $0.35\sim0.45\ \text{kg/m}^3$；露天铁矿一般为 $0.5\sim0.8\ \text{kg/m}^3$；水电工程一般为 $0.40\sim0.70\ \text{kg/m}^3$；桩井爆破的单耗为 $2\sim3\ \text{kg/m}^3$。

（10）单孔装药量 Q：第一排 $Q=qaW_1H=$（_____kg），取 $Q=$（_____kg）/后排 $Q=kqabH=$（_____kg），取 $Q=$（_____kg）；

（11）装药结构：采用散装多孔粒状铵油炸药连续装药、2号乳化炸药、粉状乳化炸药（药卷密度 $\Delta=0.8\sim0.9\ \text{g/cm}^3$、$0.95\sim1.3\ \text{g/cm}^3$、$0.85\sim1.05\ \text{g/cm}^3$）耦合、连续装药结构，延米装药量（_____kg/m）。

注：题目中有确定使用的炸药类型，一般采用 $q_{线}=\pi d_{药}^2\Delta/4\,000$ 计算延米装药量来进行参数校核，调整底盘抵抗线，使之与（10）中计算的单孔装药量相一致。为方便记忆，（11）中所列举的所有炸药的药卷密度可取 $0.9\ \text{g/cm}^3$。本模板采用耦合装药，不耦合装药可参照浅孔爆破。

2）预裂爆破参数设计

（1）钻孔方向：与设计坡度一致；

（2）孔径 $d_1=$（76、89、100 mm），取 $d_1=$（_____mm），台阶高度 $H=$（_____m）；

（3）炮孔间距 a_1：$a_1=(8\sim12)d_1$，取 $a_1=$（_____m）；

（4）超深 h_1：$h_1=(0.2\sim0.5\ \text{m})$，取 $h_1=$（_____m）；

（5）预裂炮孔深度 L_1：$L_1=H/\sin\alpha+h$，取 $L_1=$（_____m）；

（6）填塞长度 l_1 : $l_1 = (12 \sim 20)d_1$，取 $l_1 = ($_____ m$)$；

（7）线装药密度 q_1：根据经验取全线平均装药密度 $q_1 = ($_____ kg/m$)$；

（8）单孔装药量 Q_1 : $Q_1 = q_1 L_1$，取 $Q_1 = ($_____ kg$)$；

（9）装药结构：分段装药结构，底部 $0.2(L_1 - l_1)$ 加强药（_____ kg），中部 $0.5(L_1 - l_1)$ 普通装药（_____ kg），顶部 $0.3(L_1 - l_1)$ 减弱装药（_____ kg）。将药卷与导爆索绑在一起，再绑在竹片上，形成药串，就位后用纸团封盖药柱，然后用沙、岩粉填塞捣实。

3）光面爆破参数设计

（1）钻孔方向：与设计坡度一致；

（2）孔径 $d_2 = ($_____ mm$)$，取 $d_2 = ($_____ mm$)$，台阶高度 $H = ($_____ m$)$；

（3）最小抵抗线 W_2 : $W_2 = Kd_2$，取 $W_2 = ($_____ m$)$；

（4）炮孔间距 a_2 : $a_2 = mW_2$，取 $a_2 = ($_____ m$)$；

（5）炮孔超深 h_2 : $h_2 = (0.5 \sim 1.5 \text{ m})$，取 $h_2 = ($_____ m$)$；

（6）炮孔长度 L_2 : $L_2 = (H + h_2) / \sin\alpha$，取 $L_2 = ($_____ m$)$；

（7）填塞长度 l_2 : $l_2 = (12 \sim 20)d_2$，$l_2 \geqslant 1.0$，取 $l_2 = ($_____ m$)$；

（8）线装药密度 q_2：根据经验取全线平均装药密度 $q_2 = ($_____ kg/m$)$；

（9）单孔装药量 Q_2 : $Q_2 = q_2 L_2$，取 $Q_2 = ($_____ kg$)$；

（10）装药结构：分段装药结构，底部 $0.2(L_2 - l_2)$ 加强药（_____ kg），中部 $0.5(L_2 - l_2)$ 普通装药（_____ kg），顶部 $0.3(L_2 - l_2)$ 减弱装药（_____ kg）。将药卷与导爆索绑在一起，再绑在竹片上，形成药串，就位后用纸团封盖药柱，然后用沙、岩粉填塞捣实。

4）缓冲炮孔参数设计

缓冲孔与最后一排主炮孔排距，以及缓冲孔与预裂孔的排距均取（_____ m），缓冲孔孔距为主爆区孔距的一半，即取（_____ m），单孔装药量取主爆区单孔药量的一半，即取（_____ kg）。

5）炮孔布置

因石场年爆破量为（_____）万 m^3，按正常生产 10 个月计算，每月需爆破石方（_____）万 m^3，按每月爆破（_____）次计算，每次爆破石方（_____）万 m^3，需爆破炮孔 $n = ($_____$)/V = 45 \sim 50$ 个，炸药（_____ kg），实际每次爆破 46 个，装药量（_____ kg）。采用梅花形布孔法，每次布置 4 排，第一排 13 孔，依次减少 1 孔，布孔见图 4.1。

附图:爆区采石炮孔布置示意图、炮孔布置示意图、主炮孔、预裂（光面）孔装药图,如图4.1、图4.2、图4.3所示。

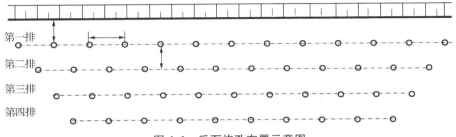

图4.1　采石炮孔布置示意图

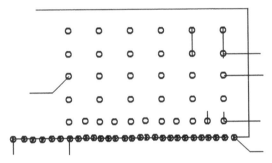

图4.2　炮孔布置示意图

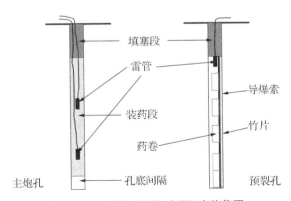

图4.3　主炮孔、预裂（光面）孔装药图

注:在实际施工中根据爆破效果和周围环境对以上相关参数进行调整。

4.2.3　起爆网路设计

孔内外毫秒延期网路。

预裂：深孔爆区主爆孔与预裂孔同网起爆，主爆区采用孔内高段、孔外低段接力起爆网路，孔内段别为 MS10(380 ms)，孔外同排间炮孔用 MS3(50 ms)段接力、排与排之间用 MS5(110 ms)段接力；预裂孔地表连接不用导爆索，孔内采用 MS1 段导爆管雷管绑扎导爆索，孔外采用 MS2 段接力，每 2 孔 1 段，预裂孔要先于主爆区 75 ms 起爆，此时主爆区第一段前接 MS4(75 ms)段雷管。

光面：深孔爆区主爆孔与光面孔同网起爆，主爆区采用孔内高段、孔外低段接力起爆网路，孔内段别为 MS10(380 ms)，孔外同排间炮孔用 MS3(50 ms)段接力、排与排之间用 MS5(110 ms)段接力；光面孔地表连接不用导爆索，孔内采用 MS1 段导爆管雷管绑扎导爆索，孔外采用 MS2 段接力，每 2 孔 1 段，光面孔较主爆孔延期 110 ms 起爆，此时光爆区第一段前接 MS5(110 ms)段雷管。

附图：主爆区起爆网路图、预裂(光面)起爆网路图如图 4.4、图 4.5 所示。

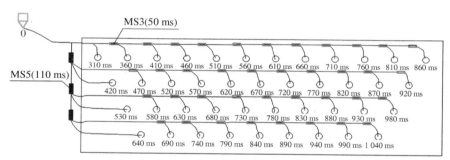

孔内用MS9(310 ms),排间接力用MS5(110 ms),孔间接力用MS3(50 ms)

图 4.4　主爆区起爆网路图

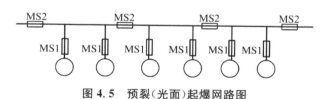

图 4.5　预裂(光面)起爆网路图

采矿起爆网路设计：每个爆区包括(＿＿＿＿＿)个炮孔，分(＿＿＿＿＿)排，每排(＿＿＿＿＿)个炮孔，逐孔减少 1 个，采用孔内、外毫秒微差斜线起爆。采用高精度导爆管雷管起爆。孔内采用 400 ms 延期的导爆管雷管。孔外相邻孔之间统一使用 25 ms 延期雷管连接，连接方法如图 4.6 所示。

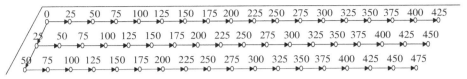

图 4.6　起爆网路图

4.2.4　安全防护设计

1) 爆破振动的控制与防护

(1) 爆破振动

$$V=K\left(\frac{\sqrt[3]{Q}}{R}\right)^{\alpha}、\quad Q_{max}=R^3\left(\frac{[V]}{K}\right)^{3/\alpha}、\quad R=\left(\frac{K}{V}\right)^{1/\alpha}Q^{1/3}$$

以 $Q=$(＿＿＿＿kg),$R=$(＿＿＿＿m),$K=$(150),$\alpha=$(1.5)代入上式计算,得到 $V=$(＿＿＿＿cm/s),根据《爆破安全规程》(GB 6722—2014)规定,(＿＿＿＿)爆破($f=$＿＿＿＿Hz)一般民用建筑允许的爆破振动速度 $V=$(＿＿＿＿cm/s)。

或者:根据上述公式,按国标规定,(＿＿＿＿)安全允许振动速度$[V]=$(＿＿＿＿cm/s),(＿＿＿＿)$[V]=$(＿＿＿＿cm/s),以 $K=$(150)、$\alpha=$(1.5)、$R=$(＿＿＿＿m)和(＿＿＿＿m)及上述数值分别代入,得 $Q_{max}=$(＿＿＿＿kg)。爆破时只要单响药量不超过(＿＿＿＿kg)(合预裂孔),爆破振动对周围建筑物就没有危害。

又或:根据上述公式,按国标规定,(＿＿＿＿)安全允许振动速度$[V]=$(＿＿＿＿cm/s),以 $K=$(150)、$\alpha=$(1.5)及上述数值分别代入,计算距办公楼不同距离时的最大段发装药量 Q_{max},如表 4.1 所示。

表 4.1　最大段发装药量 Q_{max}

R/m	10	20	30	50	80	100	150
Q_{max}/kg							

注:深孔爆破 10～50 Hz:土窑土坯房＝0.7～1.2 cm/s;砖房＝2.3～2.8 cm/s;钢筋混凝土＝3.5～4.5 cm/s;建筑物古迹＝0.2～0.4 cm/s;水工隧道＝7～15 cm/s;交通隧道＝10～20 cm/s;矿山巷道＝15～30 cm/s;发电站及发电中心＝0.5 cm/s。

(2) 爆破安全距离

$$R_F=20K_Fn^2W_1$$

以 $W_1=$(＿＿＿＿m),$K_F=$(1),$n=$(1)代入上式计算,得到 $R_F=$(＿＿＿＿m)。

（3）冲击波安全允许距离

$$R_k = 25\sqrt[3]{Q}$$

R_k 为空气冲击波对掩体内避炮作业人员的安全允许距离，cm；Q 为最大段药量，kg。

（4）安全防护措施

在（_____）与爆区之间开挖减震沟。对（_____）采取加固措施。

爆破产生的飞石及滚落的石块会对被保护的建筑设施造成破坏。为保护飞石不对建筑物产生危害，可采取的具体措施如下：

每次爆破时精心施工，保证填塞质量（包括合格的填塞料、设计的填塞长度及填塞质量），以防止飞石出现。

临近被保护物的爆区，对爆区表面进行覆盖。先压一层沙土袋，盖一层竹排，再压一层沙土袋，罩一层尼龙网，最后再压一层沙土袋。形成三层沙土袋，一层竹排，一层尼龙网，以保证爆区无飞石。

对爆区被保护物，在其朝向爆区的方向上搭上排架，使排架高度超过被保护物高度，以保证能有效阻挡个别飞石损坏文物。

2）爆破警戒范围

根据《爆破安全规程》（GB 6722—2014）规定，露天深孔爆破安全距离按设计但不得小于 200 m。露天深孔台阶爆破设计参数及取值见表 4.2。

表 4.2　露天深孔台阶爆破设计参数及取值

主爆区参数	
孔径 d/mm	金属 250、复杂 76(60)、一般 89(70)、100(90)、150
台阶高度 H/m	金属 12、岩石 15～20、水利 8～15
底盘抵抗线 W_1	$W_1 = (0.6 \sim 0.9)H$、$W_1 = H\cot\alpha + B$、$W_1 = (25 \sim 45)d$
炮孔间距 a	$a = mW_1$，m 一般大于 1，取 1.2～1.5。宽孔一般取 $m = 3 \sim 4$。宽孔距爆破头排孔和最后一排炮孔的抵抗线和孔间距仍要按常规方法布置
炮孔排距 b	$b = (0.6 \sim 1.0)W_1$
超深 h	$h = (8 \sim 12)d$，0.5～3.6 m，逐排递减 0.5 m
炮孔深度 L	$L = H + h$、$L = H/\sin\alpha + h$
填塞长度 l	垂直 $l = (0.7 \sim 0.8)W_1$，取 $l = ($_____$ m)$；倾斜 $l = (0.9 \sim 1.0)W_1$，取 $l = ($_____$ m)$；$l = (20 \sim 30)d$，取 $l = ($_____$ m)$

主爆区参数	
炸药单耗 q	一般取 $0.5\sim1.2$ kg/m³，中硬岩为 $0.35\sim0.45$ kg/m³，露天铁矿一般为 $0.5\sim0.8$ kg/m³
单孔装药量 Q	$Q=qaW_1H$，$Q=kqabH$，$k=1.1\sim1.2$
装药结构/线装药密度	多孔粒状铵油炸药连续装药（药卷密度 $\Delta=0.8\sim0.9$ g/cm³），药卷直径一般为 76 mm、90 mm、105 mm、115 mm，$q_线=\pi d_药^2\Delta/4\,000$
预裂区参数	
孔径 d_1	76 mm、$89\sim100$ mm，预裂孔与设计坡度一致小于等于 15 m，大于 15 m 要分层
台阶高度 H	同主爆区
炮孔间距 a_1	$a_1=(8\sim12)d_1$，向主体爆区两侧各延伸 $5\sim10$ m
预裂炮孔深度 L_1	$L_1=H/\sin\alpha+h_1$
填塞长度 l_1	$l_1=(12\sim20)d_1$
线装药密度 q_1	用 $q_1=0.034(\sigma_压)^{0.63}d^{0.67}$ 进行校核，$250\sim400$ g/m
单孔装药量 Q_1	$Q_1=q_1L_1$
装药结构	分段装药结构，线装药密度比为 4.0/5.0
光爆区参数	
孔径 d_2	同上
台阶高度 H	同上主爆区
最小抗线 W_2	$W_2=Kd_2$，$15\sim25$，软岩取大值，硬岩取小值。$W_2=a_2/m$
炮孔间距 a_2	$a_2=mW_2$，m 一般取 $0.6\sim0.8$。路堑：$(12\sim16)d_2$
炮孔超深 h_2	$h_2=(0.5\sim1.5$ m），孔深和岩石坚硬者取大
炮孔长度 L_2	$L_2=(H+h_2)/\sin\alpha$
填塞长度 l_2	$l_2=(12\sim20)d_2$
线装药密度 q_2	$0.15\sim0.25$ kg/m
单孔装药量 Q_2	$Q_2=q_2L_2$
装药结构	分段装药结构，线装药密度比为 3.0/4.0

说明：按孔径计算：$W_1=k\times d$，$k=20\sim40$，中小型矿山、场平工程一般取 $k=30\sim40$；大型矿山，k 值范围见表 4.3。孔径公式中 k 值的选取：k 值越大，表明同直径炮

孔爆破的岩体方量越大,即相同体积岩体爆破所需的钻孔越少。k 值应代表三个含义:① 炸药性能:性能越好,k 值越大;② 岩石可爆性:可爆性越好,k 值越大;③ 爆破破碎(爆堆破碎度、松散性、塌散范围)要求:要求越高,k 值越小,所需炮孔数越多,炮孔越密。参在中、小型矿山和场平工程中,钻孔一般采用凿岩台车或潜孔钻机,采用孔径公式计算底盘抵抗线比较合理。在大型矿山中,钻孔采用大型牙轮钻机或重型潜孔钻机,应该采用作业安全条件的经验公式计算底盘抵抗线。k 值选取,如表 4.3 所示。

表 4.3　k 值选取

装药直径/mm	清渣爆破 k 值	压渣爆破 k 值
200	30～35	22.5～37.5
250	24～48	20～48
310	35.5～41.9	19.4～30.6

任何经验公式和经验数据都有其适用范围和适用条件,以及相应的误差精度、误差范围。使用中应根据实际情况选择合理的经验公式和经验数据。对未给出适用范围的,应尽可能了解是如何提出该公式或数据的。各人考虑的重点不一样,选择的参数往往差别很大,这不奇怪,但总有比较合理的。选用的数据最终也是要通过实践来证明其是否符合本工程。

4.3　本讲例题

4.3.1　例题一

给定条件:某大型露天矿爆破岩石为致密花岗岩,岩石坚固系数 $f=14～16$,采用台阶爆破,台阶高度 14 m,钻孔直径 $d=310$ mm,垂直钻孔,采用乳化铵油(重铵油)炸药(炸药密度 850～1 250 kg/m³),试进行参数设计。装药车装药,导爆管毫秒雷管起爆,月均爆破量不小于 40 万 m³。

4.3.2　例题二

某露天剥离工程,爆破岩石为泥岩和泥砂岩互层,岩石普氏系数 $f=4～5$,台阶高度为 12 m,炮孔直径 120 mm,垂直梅花形布孔,采用乳化炸药,导爆管毫秒雷管起爆。爆区距离居民区 300 m。

4.3.3 例题三

新建楼房基础开挖深度为 5 m,其中−2～−5 m 部分需要爆破开挖,基坑底部(−5 m 处)东西长 60 m,南北宽 20 m,边坡比(垂直:水平)为 1:0.25。岩体为泥质砂岩,整体性较好,普氏系数 $f=4～6$。周围环境为:南面 50 m 处为砖混结构居民住宅楼;北侧 80 m 处为市区主干道;西面 35 m 为修理厂;东面 100 m 内无建筑及市政设施,无地下水影响。

4.4 参考答案

4.4.1 例题一

1)爆破方案

按工程条件及爆破环境确定采用深孔台阶爆破,台阶高度 14 m,炮孔直径 310 mm,垂直打孔,乳化铵油(重铵油)炸药连续耦合装药,导爆管雷管起爆。为控制爆破振动、飞石的影响,采用逐孔起爆。

2)爆破参数设计

(1)主爆区参数设计

① 钻孔方向:垂直钻孔;

② 孔径 $d=310$ mm,台阶高度 $H=14$ m;

③ 底盘抵抗线 W_1:$W_1=(25～45)d$,取 $W_1=8$ m;

④ 炮孔间距 a:$a=(1.2～1.5)W_1$,取 $a=10$ m;

⑤ 炮孔排距 b:矩形 $b=(0.6～1.0)W_1$,取 $b=7.0$ m;

⑥ 超深 h:$h=(8～12)d$,取 $h=3.0$ m;

⑦ 炮孔深度 L:垂直 $L=H+h$,$L=17$ m;

⑧ 填塞长度 l:$l=(20～30)d$,取 $l=7$ m;

⑨ 炸药单耗 q:根据经验及岩石坚固性系数 f,取 $q=0.6$ kg/m³;

⑩ 单孔装药量 Q:第一排 $Q=qaW_1H=680$ kg,取 $Q=680$ kg,后排 $Q=kqabH=$

705.6 kg,取 $Q=710$ kg;

⑪ 装药结构：采用散装乳化铵油（重铵油）炸药连续装药（药卷密度 900 kg/m³）耦合、连续装药结构，延米装药量 68 kg/m。

（2）炮孔布置

每月需爆破石方 40 万 m³，按每月爆破 10 次计算，每次爆破石方 4.0 万 m³，需爆破炮孔 $n=40\ 000/V=41$ 个，炸药 29 110 kg，实际每次爆破 46 个，装药量 32 660 kg。采用梅花形布孔法，每次布置 4 排，第一排 13 孔，依次减少 1 孔，布孔见图 4.7。

附图：爆区采石炮孔布置示意图、主炮孔装药示意图如图 4.7、图 4.8 所示。

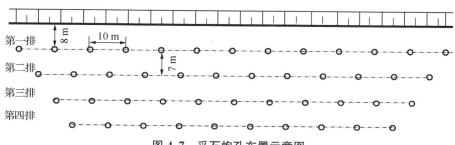

图 4.7　采石炮孔布置示意图

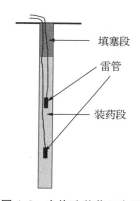

图 4.8　主炮孔装药示意图

注：在实际施工中根据爆破效果和周围环境对以上相关参数进行调整。

3）起爆网路设计

起爆网路设计：每个爆区包括 46 个炮孔，分 4 排，每排 13 个炮孔，逐孔减少 1 个，采用孔内、外毫秒微差斜线起爆。采用高精度导爆管雷管起爆。孔内采用 400 ms 延期的导爆管雷管。孔外相邻孔之间统一使用 25 ms 延期雷管连接，连接方法如

图 4.9 所示。

附图：主爆区起爆网路图如图 4.9 所示。

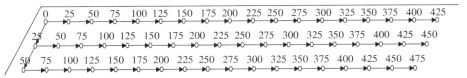

图 4.9　主爆区起爆网路图

4）安全防护设计

（1）爆破振动的控制与防护

① 爆破振动

$$Q_{\max}=R^3\left(\frac{[V]}{K}\right)^{3/\alpha}$$

根据上述公式，按国标规定，一般建筑物安全允许振动速度 $[V]=2.5\ \text{cm/s}$，以 $K=150$、$\alpha=1.5$ 及上述数值分别代入，计算距办公楼不同距离时的最大段发装药量 $Q_{\max}$，如表 4.4 所示。

表 4.4　最大段发装药量 $Q_{\max}$

R/m	10	20	30	50	80	100	150
$Q_{\max}/\text{kg}$	0.28	2.22	7.5	34.72	142.22	277.78	937.5

② 爆破安全距离

$$R_F=20K_F n^2 W_1$$

以 $W_1=8\ \text{m}$，$K_F=1$，$n=1$ 代入上式计算，得到 $R_F=160\ \text{m}$。

③ 冲击波安全允许距离

$$R_k=25\sqrt[3]{Q}$$

R_k 为空气冲击波对掩体内避炮作业人员的安全允许距离，以 $Q=710\ \text{kg}$ 代入上式计算，得到 $R_k=222\ \text{m}$。

④ 安全防护措施

在被保护物与爆区之间开挖减震沟。对被保护物采取加固措施。

爆破产生的飞石及滚落的石块会对被保护的建筑设施造成破坏。为保护飞石不对建筑物产生危害，可采取的具体措施如下：

每次爆破时精心施工，保证填塞质量（包括合格的填塞料、设计的填塞长度及填塞质量),以防止飞石出现。

临近被保护物的爆区,对爆区表面进行覆盖。先压一层沙土袋,盖一层竹排,再压一层沙土袋,罩一层尼龙网,最后再压一层沙土袋。形成三层沙土袋,一层竹排,一层尼龙网,以保证爆区无飞石。

对爆区被保护物,在其朝向爆区的方向上搭上排架,使排架高度超过被保护物高度,以保证能有效阻挡个别飞石损坏文物。

(2)爆破警戒范围

根据《爆破安全规程》(GB 6722—2014)规定,露天深孔爆破安全距离按设计但不得小于200 m。

4.4.2 例题二

1)爆破方案

按工程条件及爆破环境确定采用深孔台阶爆破,台阶高度12 m,炮孔直径120 mm,垂直打孔,乳化炸药连续不耦合装药,药卷直径100 mm,导爆管雷管起爆。为控制爆破振动、飞石的影响,采用逐孔起爆。

2)爆破参数设计

(1)主爆区参数设计

① 钻孔方向:垂直钻孔;

② 孔径 $d=120$ mm,台阶高度 $H=12$ m;

③ 底盘抵抗线 W_1:$W_1=(25\sim45)d$,取 $W_1=4.3$ m;

④ 炮孔间距 a:$a=(1.2\sim1.5)W_1$,取 $a=5$ m;

⑤ 炮孔排距 b:梅花形布孔 $b=0.866a=4.33$ m,取 $b=4.3$ m;

⑥ 超深 h:$h=(8\sim12)d$,取 $h=1.0$ m;

⑦ 炮孔深度 L:垂直 $L=H+h$,$L=13$ m;

⑧ 填塞长度 l:$l=(20\sim30)d$,取 $l=2.5$ m;

⑨ 炸药单耗 q:根据经验/岩石坚固性系数 f,取 $q=0.35$ kg/m³;

⑩ 单孔装药量 Q:第一排 $Q=qaW_1H=90.3$ kg,取 $Q=90$ kg;后排 $Q=kqabH=99.03$ kg,取 $Q=99$ kg;

⑪ 装药结构:粉状乳化炸药(药卷密度 1.0 g/cm³)不耦合、连续装药结构,药卷直径100 mm,延米装药量 7.9 kg/m。

（2）炮孔布置

按每月爆破 8 次计算，每次爆破石方 1.2 万 m^3，需爆破炮孔 $n=12\,000/V=12\,000/258=47$ 个，炸药 4 230 kg，实际每次爆破 46 个，装药量 4 140 kg。采用梅花形布孔法，每次布置 4 排，第一排 13 孔，依次减少 1 孔，布孔见图 4.10。

附图：爆区采石炮孔布置示意图、主炮孔装药示意图，如图 4.10、图 4.11 所示。

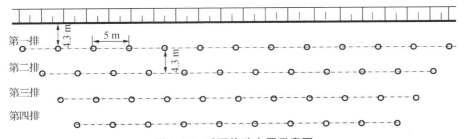

图 4.10 采石炮孔布置示意图

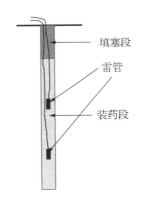

图 4.11 主炮孔装药示意图

注：在实际施工中根据爆破效果和周围环境对以上相关参数进行调整。

3）起爆网路设计

起爆网路设计：每个爆区包括 46 个炮孔，分 4 排，每排 13 个炮孔，逐孔减少 1 个，采用孔内、外毫秒微差斜线起爆。采用高精度导爆管雷管起爆。孔内采用 400 ms 延期的导爆管雷管。孔外相邻孔之间统一使用 25 ms 延期雷管连接，连接方法如图 4.12 所示。

附图：主爆区起爆网路图如图 4.12 所示。

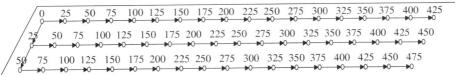

图 4.12 主爆区起爆网路图

4）安全防护设计

（1）爆破振动的控制与防护

① 爆破振动

$$V = K\left(\frac{\sqrt[3]{Q}}{R}\right)^{\alpha}$$

以 $Q = 90$ kg，$R = 300$ m，$K = 150$，$\alpha = 1.5$ 代入上式计算，得到 $V = 2.25$ cm/s，根据《爆破安全规程》（GB 6722—2014）规定，深孔爆破（$f = 10 \sim 50$ Hz）一般民用建筑允许的爆破振动速度 $V = 2.5$ cm/s。

② 爆破安全距离

$$R_F = 20 K_F n^2 W_1$$

以 $W_1 = 4.3$ m，$K_F = 1$，$n = 1$ 代入上式计算，得到 $R_F = 86$ m。

③ 冲击波安全允许距离

$$R_k = 25 \sqrt[3]{Q}$$

以 $Q = 90$ kg 代入上式计算，得到 $R_k = 112.5$ m。

④ 安全防护措施

在居民楼与爆区之间开挖减震沟。对居民楼采取加固措施。

爆破产生的飞石及滚落的石块会对被保护的建筑设施造成破坏。为保护飞石不对建筑物产生危害，可采取的具体措施如下：

每次爆破时精心施工，保证填塞质量（包括合格的填塞料、设计的填塞长度及填塞质量），以防止飞石出现。

临近被保护物的爆区，对爆区表面进行覆盖。先压一层沙土袋，盖一层竹排，再压一层沙土袋，罩一层尼龙网，最后再压一层沙土袋。形成三层沙土袋，一层竹排，一层尼龙网，以保证爆区无飞石。

对爆区被保护物，在其朝向爆区的方向上搭上排架，使排架高度超过被保护物高度，以保证能有效阻挡个别飞石损坏文物。

加强对居民楼边缘的巡查力度，及时对爆后围岩进行喷锚、围护等工作。

（2）爆破警戒范围

根据《爆破安全规程》（GB 6722—2014）规定，露天深孔爆破安全距离按设计但不得小于 200 m。

4.4.3 例题三

1）爆破方案

开挖基坑周围环境复杂，爆破安全是首要考虑的问题。虽然基坑开挖深度＜5 m，但是若采用浅孔爆破，爆破次数多，安全警戒压力大，同时也影响基坑其他项目的施工，进度难以保证；加上爆破工期长，基坑裸露时间长，侧向位移大，存在一定安全隐患，难以满足设计规范要求，故采用深孔台阶控制爆破技术；台阶高度 3 m，炮孔直径 76 mm，垂直打孔，多孔粒状铵油炸药连续不耦合装药，导爆管雷管起爆，为控制爆破振动、飞石的影响，采用逐孔起爆。

2）爆破参数设计

（1）主爆区参数设计

① 钻孔方向：垂直钻孔；

② 孔径 $d=76$ mm，台阶高度 $H=3.0$ m；

③ 底盘抵抗线 W_1：$W_1=(25\sim45)d$，取 $W_1=2$ m；

④ 炮孔间距 a：$a=(1.2\sim1.5)W_1$，取 $a=2.5$ m；

⑤ 炮孔排距 b：矩形 $b=(0.6\sim1.0)W_1$，取 $b=2$ m；

⑥ 超深 h：$h=(8\sim12)d$，取 $h=0.8$ m；

⑦ 炮孔深度 L：垂直 $L=H+h$，$L=3.8$ m；

⑧ 填塞长度 l：$l=(20\sim30)d$，取 $l=2.0$ m；

⑨ 炸药单耗 q：根据经验/岩石坚固性系数 f，取 $q=0.35$ kg/m³；

⑩ 单孔装药量 Q：第一排 $Q=qaW_1H=5.25$ kg，取 $Q=5.0$ kg，后排 $Q=kqabH=5.5$ kg，取 $Q=5.5$ kg；

⑪ 装药结构：多孔粒状铵油炸药连续装药（药卷密度 1.0 g/cm³）不耦合、连续装药结构，药卷直径 60 mm，延米装药量 2.8 kg/m。

（2）预裂爆破参数设计

① 钻孔方向：与设计坡度一致，边坡比（垂直：水平）为 1：0.25；

② 孔径 $d_1=76$ mm，台阶高度 $H=3$ m；

③ 炮孔间距 a_1：$a_1=(8\sim12)d_1$，取 $a_1=0.8$ m；

④ 超深 h_1：$h_1=(0.2\sim0.5$ m），取 $h_1=0.4$ m；

⑤ 预裂炮孔深度 L_1：$L_1=H/\sin\alpha+h$，取 $L_1=3.5$ m；

⑥ 填塞长度 l_1：$l_1=(12\sim20)d_1$，取 $l_1=1.0$ m；

⑦ 线装药密度 q_1：根据经验取全线平均装药密度 $q_1 = 0.3$ kg/m；

⑧ 单孔装药量 Q_1：$Q_1 = q_1 L_1 = 1.05$ kg，取 $Q_1 = 1.1$ kg；

⑨ 装药结构：分段装药结构，底部 0.5 m 加强药 0.3 kg，中部 1.25 m 普通装药 0.6 kg，顶部 0.75 m 减弱装药 0.2 kg。将药卷与导爆索绑在一起，再绑在竹片上，形成药串，就位后用纸团封盖药柱，然后用沙、岩粉填塞捣实。

（3）缓冲炮孔参数设计

缓冲孔与最后一排主炮孔的排距，以及缓冲孔与预裂孔的排距均取 1.0 m；缓冲孔孔距为主爆区孔距的一半，即取 1.25 m；单孔装药量取主爆区单孔药量的一半，即取 2.5 kg。

（4）炮孔布置

附图：爆区炮孔布置示意图、主炮孔、预裂爆破炮孔装药示意图如图 4.13、图 4.14 所示。

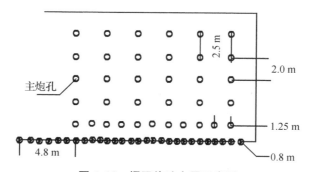

图 4.13　爆区炮孔布置示意图

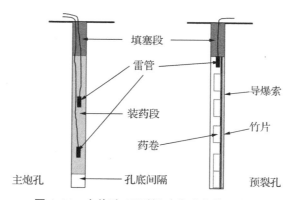

图 4.14　主炮孔、预裂爆破炮孔装药示意图

注：在实际施工中根据爆破效果和周围环境对以上相关参数进行调整。

3）起爆网路设计

孔内外毫秒延期网路。

预裂：深孔爆区主爆孔与预裂孔同网起爆，主爆区采用孔内高段、孔外低段接力起爆网路，孔内段别为 MS10（380 ms），孔外同排间炮孔用 MS3（50 ms）段接力、排与排之间用 MS5（110 ms）段接力；预裂孔地表连接不用导爆索，孔内 MS1 段导爆管雷管绑扎导爆索，孔外采用 MS2 段接力，每 2 孔 1 段，预裂孔要先于主爆区 75 ms 起爆，此时主爆区第一段前接 MS4（75 ms）段雷管。

附图：主爆区起爆网路图、预裂起爆网路图，如图 4.15、图 4.16 所示。

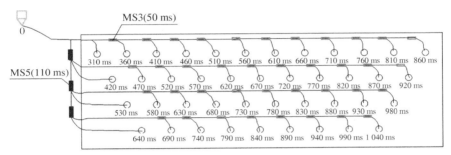

孔内用MS9(310 ms)，排间接力用MS5(110 ms)，孔间接力用MS3(50 ms)

图 4.15　主爆区起爆网路图

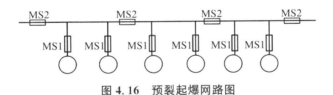

图 4.16　预裂起爆网路图

4）安全防护设计

（1）爆破振动的控制与防护

① 爆破振动

$$Q_{max} = R^3 \left(\frac{[V]}{K} \right)^{3/\alpha}$$

根据上述公式，按国标规定，修理厂安全允许振动速度 $[V] = 3.5$ cm/s，及砖混结构住宅楼 $[V] = 2.5$ cm/s，以 $K = 150$、$\alpha = 1.5$、$R = 35$ m 和 50 m 及上述数值分别代入，得 $Q_{max} = 12$ kg。爆破时只要单响药量不超过 12 kg（合预裂孔），爆破振动对周围建筑物就没有危害。

② 爆破安全距离

$$R_F = 20K_F n^2 W_1$$

以 $W_1 = 2.0$ m，$K_F = 1$，$n = 1$ 代入上式计算，得到 $R_F = 40$ m。

③ 冲击波安全允许距离

$$R_k = 25\sqrt[3]{Q}$$

以 $Q = 5$ kg 代入上式计算，得到 $R_k = 42.5$ m。

④ 安全防护措施

在居民楼、修理厂与爆区之间开挖减震沟。对居民楼、修理厂以及周围建筑设施采取加固措施。

爆破产生的飞石及滚落的石块会对被保护的建筑设施造成破坏。为保护飞石不对建筑物产生危害，可采取的具体措施如下：

每次爆破时精心施工，保证填塞质量（包括合格的填塞料、设计的填塞长度及填塞质量），以防止飞石出现。

临近被保护物的爆区，对爆区表面进行覆盖。先压一层沙土袋，盖一层竹排，再压一层沙土袋，罩一层尼龙网，最后再压一层沙土袋。形成三层沙土袋，一层竹排，一层尼龙网，以保证爆区无飞石。

对爆区被保护物，在其朝向爆区的方向上搭上排架，使排架高度超过被保护物高度，以保证能有效阻挡个别飞石损坏文物。

（2）爆破警戒范围

根据《爆破安全规程》（GB 6722—2014）规定，露天深孔爆破按设计但不得小于 200 m。

第5章
路堑开挖爆破设计

5.1 导论

5.1.1 路堑的基本概念

路堑是山岭中的一种工程结构。当在深山中修建道路或开凿隧道时,为了减少开挖坡度,在山顶上开辟一条笔直的通道,就叫做"路堑"。人们把它比喻成阻拦水流的堤坝。因为在平地上筑起大堤能切断河流、蓄水成湖泊,而在山间开出"路堑"来却不能形成上述的功效。在许多岩石上开凿出来的洞穴也叫路堑。其主要作用为缓和道路纵坡或越岭线穿越岭口控制标高。路堑通过的地层,在长期的生成和演变过程中一般具有复杂的地质结构。路堑开挖如图5.1所示。

图 5.1 路堑开挖

5.1.2 路堑爆破的方法

路堑开挖爆破是深孔台阶爆破的一种形式,这种开挖爆破的特点是:工程呈条带状,开挖有限界,且一般对开挖限界有质量控制要求;路堑中心开挖深度<10 m时,一次开挖成形,路堑深度≥10 m时,分两次开挖成形,台阶高度一般以5~10 m为宜;开挖面上宽下窄,要注意对坡脚岩体的保护;开挖一般从两端开始,最小抵抗线方向受到限制。宜采用较小的钻孔直径,钻孔方向以倾斜孔为主:主炮孔应向开挖方向倾斜,边坡孔向开挖中部倾斜,边界宜采用光面(预裂)爆破。

路堑爆破因受地形条件变化影响,常用布孔方法有两种:半壁路堑开挖布孔方式,类似于矿山台阶爆破。半壁路堑开挖多采用横向台阶法布孔,即平行线路方向钻孔。对于高边坡半壁路堑,应采用分层法布孔。全路堑开挖布孔方式类似于沟槽爆破,全路堑开挖由于开挖断面大,爆破易影响边坡的稳定性,因此宜采用纵向浅层开挖,每层深6~8 m;上层顺边坡沿倾斜孔进行预裂爆破,下层靠边坡的垂直孔深度应控制在边坡线以内,全路堑分层开挖布孔。

5.2 路堑开挖爆破设计流程

5.2.1 爆破方案

按工程条件及爆破环境,采用深孔台阶爆破,台阶高度 $H=$(_____ m)[深度≥10 m,分两次开挖成形,每层台阶高度 $H=$(5~10 m)]。两侧边坡采用预裂(光面)爆破;开挖由两侧向中间推进,保证爆破时有侧向临空面,倾斜钻孔,每次爆破不超过5排。为降低爆破振动对(_____)和(_____)的影响,选用钻孔直径 $d=76$ mm(89 mm);采用导爆管雷管毫秒延时起爆网路,装药使用乳化炸药药卷,$d_1=60$ mm(70 mm)。

5.2.2 爆破参数设计

1) 主爆孔参数设计(深度≥10 m:上层台阶—中间炮孔)

(1) 钻孔方向:中部钻孔向临空面方向倾斜,按3∶1的斜度布置,钻孔角度71.5°;

（2）孔径 $d=$（_____mm），台阶高度 $H=$（_____m）；

注：炮孔爆破直径宜为 $38\sim150$ mm；炮孔深度不宜大于 15 m，开挖高度根据施工点实际情况确定，一般取 $5\sim15$ m，通常宜为 10 m。

（3）底盘抵抗线 W_1：$W_1=(15\sim25)d$，取 $W_1=$（_____m）；

（4）炮孔间距 a：$a=mW_1$，取主炮孔 $a=$（_____m）、辅助孔与主炮孔间距 $a_0=$（_____m）；

注：可根据路堑宽度进行细微调整。

（5）炮孔排距 b：矩形 $b=(0.6\sim1.0)W_1$，取 $b=$（_____m）；

（6）超深 h：$h=(8\sim12)d$，取 $h=$（_____m）；

（7）炮孔深度 L：倾斜 $L=(H+h)/0.95$，主炮孔 $L=$（_____m），辅助孔 $L_0=$（_____m）（斜长、孔底距边坡面 0.5 m）；

（8）填塞长度 l：$l=(20\sim30)d$，取 $l=$（_____m）；

（9）线装药密度 $q_{线}$：多孔粒状铵油炸药、2 号乳化炸药、粉状乳化炸药（药卷密度 $\Delta=0.8\sim0.9$ g/cm^3、$0.95\sim1.3$ g/cm^3、$0.85\sim1.05$ g/cm^3），药卷直径 $d_{药}=32\sim35$ mm，$q_{线}=\pi d_{药}^2\Delta/4\ 000$；

注：路堑爆破一般采用光面或者预裂爆破的边坡控制爆破方法，因此用到炸药单耗时，一般是假设的开挖断面的平均炸药单耗，后面再减去光面或预裂孔的装药量，最后算出每个炮孔的装药量。采用线装药密度的方法较为简单，因此，一般采用线装药密度来计算单孔药量。

（10）单孔装药量 Q：主炮孔 $Q=(L-l)q_{线}=$（_____kg），辅助孔 $Q_0=(L_0-l)q_{线}=$（_____kg）；

（11）装药结构：乳化炸药连续装药。

2）预裂爆破参数设计

（1）钻孔方向：与设计坡度一致；

注：边坡坡度与地质条件有关，深孔预裂（光面）爆破受钻孔条件限制，一般小于 1：0.5 宜为 1：0.3。

（2）孔径 d_1：（89、100 mm），取 $d_1=$（_____mm），台阶高度 $H=$（_____m）；

（3）炮孔间距 a_1：$a_1=(8\sim12)d_1$，取 $a_1=$（_____m）；

（4）超深 h_1：$h_1=(0.2\sim0.5$ m），取 $h_1=$（_____m）；

注：以深孔超深取值。

（5）预裂炮孔深度 L_1：$L_1=H/\sin\alpha+h$，取 $L_1=$（_____m）；

（6）填塞长度 l_1：$l_1=(12\sim20)d_1$，取 $l_1=$（_____m）；

（7）线装药密度 q_1：根据经验取全线平均装药密度 $q_1=$（_____kg/m）；

（8）单孔装药量 Q_1：$Q_1 = q_1 L_1$，取 $Q_1 =$（＿＿＿＿ kg）；

（9）装药结构：分段装药结构，底部 $0.2(L_1 - l_1)$ 加强药（＿＿＿＿ kg），中部 $0.5(L_1 - l_1)$ 普通装药（＿＿＿＿ kg），顶部 $0.3(L_1 - l_1)$ 减弱装药（＿＿＿＿ kg）。将药卷与导爆索绑在一起，再绑在竹片上，形成药串，就位后用纸团封盖药柱，然后用沙、岩粉填塞捣实。

3）光面爆破参数设计

（1）钻孔方向：与设计坡度一致；

（2）孔径 $d_2 =$（＿＿＿＿ mm），取 $d_2 =$（＿＿＿＿ mm），台阶高度 $H =$（＿＿＿＿ m）；

（3）最小抵抗线 W_2：$W_2 = Kd_2$，取 $W_2 =$（＿＿＿＿ m）；

（4）炮孔间距 a_2：$a_2 = mW_2$，取 $a_2 =$（＿＿＿＿ m）；

（5）炮孔超深 h_2：$h_2 = (0.5 \sim 1.5 \text{ m})$，取 $h_2 =$（＿＿＿＿ m）；

注：以深孔超深取值。

（6）炮孔长度 L_2：$L_2 = (H + h_2)/\sin\alpha$，取 $L_2 =$（＿＿＿＿ m）；

（7）填塞长度 l_2：$l_2 = (12 \sim 20)d_2$，$l_2 \geqslant 1.0$，取 $l_2 =$（＿＿＿＿ m）；

（8）线装药密度 q_2：根据经验取全线平均装药密度 $q_2 =$（＿＿＿＿ kg/m）；

（9）单孔装药量 Q_2：$Q_2 = q_2 L_2$，取 $Q_2 =$（＿＿＿＿ kg）；

（10）装药结构：分段装药结构，底部 $0.2(L_2 - l_2)$ 加强药（＿＿＿＿ kg），中部 $0.5(L_2 - l_2)$ 普通装药（＿＿＿＿ kg），顶部 $0.3(L_2 - l_2)$ 减弱装药（＿＿＿＿ kg）。将药卷与导爆索绑在一起，再绑在竹片上，形成药串，就位后用纸团封盖药柱，然后用沙、岩粉填塞捣实。

4）深度 $\geqslant 10$ m：下层台阶

（1）钻孔方向：中部钻孔向临空面方向倾斜，按 $3:1$ 的斜度布置，钻孔角度 $71.5°$；

（2）孔径 $d_3 =$（＿＿＿＿ mm），台阶高度 $H_2 =$（＿＿＿＿ m）；

（3）底盘抵抗线 W_3：$W_3 = (15 \sim 25)d_3$，取 $W_3 =$（＿＿＿＿ m）；

（4）炮孔间距 a_3：$a_3 = mW_3$，取主炮孔 $a_3 =$（＿＿＿＿ m）；

（5）炮孔排距 b_3：矩形 $b_3 = (0.6 \sim 1.0)W_3$，取 $b_3 =$（＿＿＿＿ m）；

（6）超深 h_3：$h_3 = (8 \sim 12)d_3$，取 $h_3 =$（＿＿＿＿ m）；

（7）炮孔深度 L_3：倾斜 $L_3 = (H_2 + h_3)/0.95$，主炮孔 $L_3 =$（＿＿＿＿ m）；

（8）填塞长度 l_3：$l_3 = (20 \sim 30)d_3$，取 $l_3 =$（＿＿＿＿ m）；

（9）线装药密度 q_x：多孔粒状铵油炸药、2 号乳化炸药、粉状乳化炸药（药卷密

度 $\Delta=0.8\sim0.9$ g/cm³、0.95\sim1.3 g/cm³、0.85\sim1.05 g/cm³），药卷直径 $d_药=$ 32\sim35 mm，$q_x=\pi d_药^2\Delta/4\,000$；

注：路堑爆破一般采用光面或者预裂爆破的边坡控制爆破方法，因此用到炸药单耗时，一般是假设的开挖断面的平均炸药单耗，后面再减去光面或预裂孔的装药量，最后算出每个炮孔的装药量。采用线装药密度的方法较为简单，因此，一般采用线装药密度来计算单孔药量。

（10）单孔装药量 Q_3：主炮孔 $Q_3=(L_3-l_3)q_x=($_____kg$)$；

（11）装药结构：乳化炸药连续装药。

附图：炮孔布置横断面示意图、炮孔布置纵断面示意图、炮孔平面布置图、主炮孔、预裂（光面）孔装药图，如图5.2、图5.3、图5.4、图5.5所示。

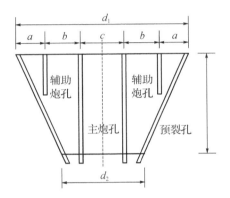

图5.2 炮孔布置横断面示意图

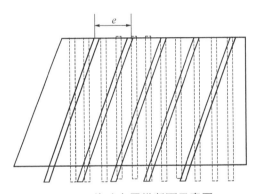

图5.3 炮孔布置纵断面示意图

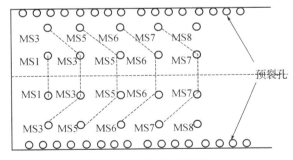

图5.4 炮孔平面布置图

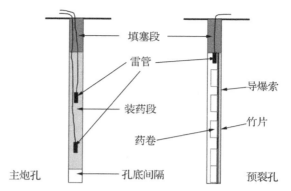

图 5.5　主炮孔、预裂（光面）孔装药图

注:在实际施工中根据爆破效果和周围环境对以上相关参数进行调整。

5.2.3　起爆网路设计

预裂:预裂孔采用导爆索起爆网路,两侧分别用 MS1 和 MS3 段导爆管毫秒延时雷管起爆导爆索,与主炮孔分开起爆;主炮孔采用导爆管毫秒延时起爆网路,大 V 形起爆形式,5 排炮孔分 6 段延时,分别在孔内布置 MS1、MS3、MS5、MS6、MS7、MS8 段雷管,孔外采用导爆管网格式闭合网路,最终用 2 发电雷管激发起爆。

光面:采用导爆管雷管孔内毫秒延时起爆网路。光爆孔孔内用导爆索将药卷连接起来,再接入导爆管雷管引出孔外,与主炮孔的导爆管雷管组成导爆管捆联网路,最后用电雷管击发起爆。光爆孔迟后主爆孔起爆时间不小于 110 ms。起爆顺序见图 5.6、图 5.7。

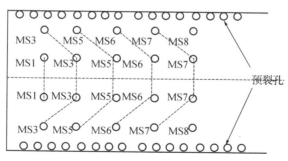

图 5.6　炮孔起爆网路图

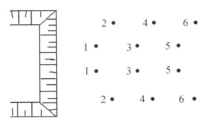

图 5.7　炮孔起爆网路图

5.2.4　安全防护设计

1）爆破振动的控制与防护

（1）爆破振动

$$V = K\left(\frac{\sqrt[3]{Q}}{R}\right)^{\alpha}、 \quad Q_{max} = R^3\left(\frac{[V]}{K}\right)^{3/\alpha}、 \quad R = \left(\frac{K}{V}\right)^{1/\alpha}Q^{1/3}$$

以 $Q = (\underline{\hspace{2cm}}\text{kg})$，$R = (\underline{\hspace{2cm}}\text{m})$，$K = (150)$，$\alpha = (1.5)$ 代入上式计算，得到 $V = (\underline{\hspace{2cm}}\text{cm/s})$，根据《爆破安全规程》（GB 6722—2014）规定，$(\underline{\hspace{2cm}})$ 爆破（$f = \underline{\hspace{2cm}}\text{Hz}$）一般民用建筑允许的爆破振动速度 $V = (\underline{\hspace{2cm}}\text{cm/s})$。

或者：根据上述公式，按国标规定，$(\underline{\hspace{2cm}})$ 安全允许振动速度 $[V] = (\underline{\hspace{2cm}}\text{cm/s})$，$(\underline{\hspace{2cm}})$ $[V] = (\underline{\hspace{2cm}}\text{cm/s})$，以 $K = (150)$、$\alpha = (1.5)$、$R = (\underline{\hspace{2cm}}\text{m})$ 和 $(\underline{\hspace{2cm}}\text{m})$ 及上述数值分别代入，得 $Q_{max} = (\underline{\hspace{2cm}}\text{kg})$。爆破时只要单响药量不超过 $(\underline{\hspace{2cm}}\text{kg})$（合预裂孔），爆破振动对周围建筑物就没有危害。

又或：根据上述公式，按国标规定，$(\underline{\hspace{2cm}})$ 安全允许振动速度 $[V] = (\underline{\hspace{2cm}}\text{cm/s})$，以 $K = (150)$、$\alpha = (1.5)$ 及上述数值分别代入，计算距办公楼不同距离时的最大段发装药量 Q_{max}，如表 5.1 所示。

表 5.1　最大段发装药量 Q_{max}

R/m	10	20	30	50	80	100	150
Q_{max}/kg							

注：深孔爆破 $10\sim50$ Hz；土窑土坯房 $=0.7\sim1.2$ cm/s；砖房 $=2.3\sim2.8$ cm/s；钢筋混凝土 $=3.5\sim4.5$ cm/s；建筑物古迹 $=0.2\sim0.4$ cm/s；水工隧道 $=7\sim15$ cm/s；交通隧道 $=10\sim20$ cm/s；矿山巷道 $=15\sim30$ cm/s；发电站及发电中心 $=0.5$ cm/s。

（2）爆破安全距离

$$R_F = 20 K_F n^2 W_1$$

以 $W_1 = ($ _____ m$)$，$K_F = (1)$，$n = (1)$ 代入上式计算，得到 $R_F = ($ _____ m$)$。

（3）冲击波安全允许距离

$$R_k = 25 \sqrt[3]{Q}$$

R_k 为空气冲击波对掩体内避炮作业人员的安全允许距离，cm；Q 为最大段药量，kg。

（4）安全防护措施

在（_____）与爆区之间开挖减震沟。对（_____）采取加固措施。

爆破产生的飞石及滚落的石块会对被保护的建筑设施造成破坏。为保护飞石不对建筑物产生危害，可采取的具体措施如下：

严格按照设计施工，保证填塞长度和填塞质量。

临近被保护物的爆区，对爆区表面进行覆盖。先压一层沙土袋，盖一层竹排，再压一层沙土袋，罩一层尼龙网，最后再压一层沙土袋。形成三层沙土袋，一层竹排，一层尼龙网，以保证爆区无飞石。

对爆区被保护物，在其朝向爆区的方向上搭上排架，使排架高度超过被保护物高度，以保证能有效阻挡个别飞石损坏文物。

加强对（_____）边缘巡查力度，及时对爆后围岩进行喷锚、围护等工作。

2）爆破警戒范围

根据《爆破安全规程》（GB 6722—2014）规定，露天深孔爆破安全距离按设计但不得小于 200 m。路堑爆破设计参数及取值见表 5.2。

表 5.2　路堑爆破设计参数及取值

主爆区参数	
孔径 d/mm	38～150；复杂 76(60)、一般 89(70)、90(70)
台阶高度 H	路堑深度一般 8～10 m
底盘抵抗线 W_1	$W_1 = (0.6～0.9)H$、$W_1 = H\cot\alpha + B$、$W_1 = (15～25)d$
炮孔间距 a	$a = mW_1$，m 一般大于 1，取 1.2～1.5。宽孔一般取 $m = 3～4$。宽孔距爆破头排孔和最后一排炮孔的抵抗线和孔间距仍要按常规方法布置
炮孔排距 b	$b = (0.6～1.0)W_1$
超深 h	$h = (8～12)d$，0.5～3.6 m，逐排递减 0.5 m

主爆区参数	
炮孔深度 L	$L = H/\sin\alpha + h$
填塞长度 l	垂直 $l = (0.7\sim0.8)W_1$,取 $l = ($＿＿＿＿＿ m);倾斜 $l = (0.9\sim1.0)$ W_1,取 $l = ($＿＿＿＿＿ m);$l = (20\sim30)d$,取 $l = ($＿＿＿＿＿ m)
炸药单耗 q	中硬岩为 $0.35\sim0.45$ kg/m³;乳化炸药连续装药(药卷密度 $\Delta = 0.85\sim$ 1.0 g/cm³),药卷直径 $d_{药} = 32\sim35$ mm,$q_{线} = \pi d_{药}^2 \Delta / 4\,000$
单孔装药量 Q	$Q = q(L - l)$ 或者体积公式
装药结构/线装药密度	乳化炸药连续装药
预裂区参数	
孔径 d_1/mm	复杂 76(60)、一般 89(70)、90(70)
台阶高度 H	同主爆区
炮孔间距 a_1	$a_1 = (8\sim12)d_1$,向主体爆区两侧各延伸 $5\sim10$ m
预裂炮孔深度 L_1	$L_1 = H/\sin\alpha + h$
填塞长度 l_1	$l_1 = (12\sim20)d_1$
线装药密度 q_1	用 $q_1 = 0.034(\sigma_压)^{0.63}d^{0.67}$ 进行校核,$250\sim400$ g/m,由于炮孔较浅,所以取小值
单孔装药量 Q_1	$Q_1 = q_1(L_1 - l_1)$
装药结构	分段装药结构,线装药密度比为 4.0/5.0
光爆区参数	
孔径 d_2/mm	复杂 76(60)、一般 89(70)、90(70)
台阶高度 H	同上主爆区
最小抗线 W_2	$W_2 = Kd_2$,$15\sim25$,软岩取大值,硬岩取小值。$W_2 = a_2/m$
炮孔间距 a_2	$a_2 = (12\sim16)d_2$
炮孔超深 h_2	$h_2 = (0.5\sim1.5$ m),孔深和岩石坚硬者取大
炮孔长度 L_2	$L_2 = (H + h_2)/\sin\alpha$
填塞长度 l_2	$l_2 = (12\sim20)d_2$
线装药密度 q_2	$0.15\sim0.25$ kg/m
单孔装药量 Q_2	$Q_2 = q_2(L_2 - l_2)$
装药结构	分段装药结构,线装药密度比为 3.0/4.0

5.3 本讲例题

5.3.1 例题一

某二级公路 K3＋750—K3＋850 段,为一凸形山体,全挖路堑。设计路基宽 15 m,开挖深度 5～7 m,边坡坡比(垂直∶水平)为 1∶0.3;石方开挖量 3 万 m³。岩石为石灰岩,大部分比较完整,岩石坚固性系数 ƒ＝6～8。设计要求:依据本工程,请选择合理的爆破施工方案;根据方案做出主要的技术设计步骤和相应的参数计算。

5.3.2 例题二

某引水工程需开挖引水渠长 800 m,引水渠开挖断面:开挖深度 12.0 m,上口宽 12.0 m,底宽 6.0 m,开挖边线距一小学 300 m,环境较复杂。岩石为中风化花岗岩,普氏系数 ƒ＝12～14。设计要求:做出可实施的爆破技术设计,设计文件应包括(但不限于):爆破方案选择、爆破参数设计、药量计算、起爆网路设计、爆破安全设计。

5.3.3 例题三

某市引水工程需开挖引水渠。引水渠长 800 m,呈东西走向,其截面为正梯形,开挖深度 8.0 m、上口宽 12.0 m、下底宽 6.0 m,岩体为中等风化花岗岩岩石,坚固性系数 ƒ＝10～12。引水渠开挖边坡南侧距附近某学校的砖砌围墙 150 m,北侧 280 m 处为某村庄,居民住房为砖结构。

5.4 参考答案

5.4.1 例题一

1) 爆破方案

拟采用深孔台阶爆破,一次开挖到位。由路堑起始部位开挖侧向临空面,顺纵向逐步开挖。台阶高度 $H=5\sim7$ m,采用凿岩台车钻孔,孔径 90 mm,倾斜钻孔。边坡采用光面爆破,孔径 90 mm,顺坡面钻凿,与地面夹角 $\alpha=73.3°$。使用乳化炸药,药卷直径 70 mm,毫秒导爆管雷管起爆网路。每次主爆破不超过 $5\sim6$ 排,光面爆破与主爆破同步进行。

2)爆破参数设计

(1)主爆孔参数设计

主爆孔孔径 $d=90$ mm,倾斜钻孔,与地面夹角 $\alpha=71.6°$。每个断面布置 4 个炮孔,孔距 4 m,边孔距边坡坡脚 1.5 m。超深 $h=(8\sim12)d=1.0$ m,孔深 $L=(H+h)/\sin\alpha=6.3\sim8.4$ m。填塞长度 $L_2=(25\sim35)d=2.5$ m。装药长度 $L_1=3.8\sim5.9$ m,采用 70 mm 乳化炸药药卷,线装药密度 $q_1=4.0$ kg/m,单孔装药量为 $15\sim24$ kg,每个断面装药总量为 $60\sim96$ kg。

按平均挖深 6 m 计算,路堑断面面积为 100.8 m^2,平均装药量为 80 kg,路堑岩石为石灰岩,$f=6\sim8$,取单耗 $q=0.35$ kg/m^3,计算得第一排的抵抗线为 2.3 m,取排距为 2.3 m。实际单耗约为 $q=0.33\sim0.37$ kg/m^3。

(2)光面爆破参数设计

光爆孔孔径 90 mm,顺边坡面钻凿,倾斜钻孔,与地面夹角 $\alpha=73.3°$。超深 $h=1.0$ m,孔深 $L=6.3\sim8.3$ m。孔距 $a=(12\sim16)d=1.3$ m,线装药密度 q_1 取 200 g/m,孔口填塞 1.0 m,每孔装药量 $1.3\sim1.7$ kg。

附图:爆区炮孔布置横断面示意图、炮孔布置纵断面示意图、炮孔平面布置图、主炮孔、预裂(光面)孔装药图,如图 5.8、图 5.9、图 5.10、图 5.11 所示。

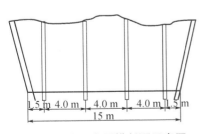

图 5.8 炮孔布置横断面示意图

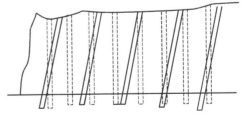

图 5.9 炮孔布置纵断面示意图

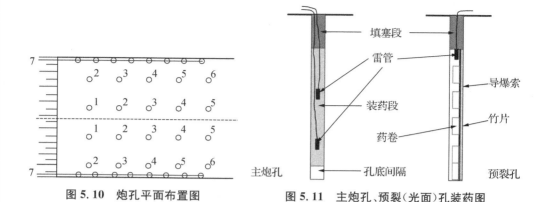

图 5.10　炮孔平面布置图

图 5.11　主炮孔、预裂（光面）孔装药图

注：在实际施工中根据爆破效果和周围环境对以上相关参数进行调整。

3）起爆网路设计

采用导爆管雷管孔内毫秒延时起爆网路。光爆孔孔内用导爆索将药卷连接起来，再接入导爆管雷管引出孔外，与主炮孔的导爆管雷管组成导爆管捆联网路，最后用电雷管击发起爆。光爆孔迟后主炮孔起爆时间不小于 110 ms。起爆顺序见图 5.12。

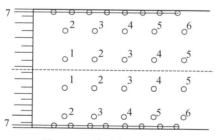

图 5.12　炮孔起爆网路图

4）安全防护设计

（1）爆破振动的控制与防护

① 爆破振动

$$R = \left(\frac{K}{V}\right)^{1/\alpha} Q^{1/3}$$

根据上述公式，按国标规定，（ 一般建筑物 ）安全允许振动速度 $[V] = ($ 2.5 $\text{cm/s})$，以 $K = (150)$、$\alpha = (1.5)$ 及上述数值分别代入，计算距办公楼不同距离时的最大段发装药量 $Q_{\max}$，如表 5.3 所示。

表 5.3　最大段发装药量 $Q_{\max}$

R/m	10	20	30	50	80	100	150
$Q_{\max}/\mathrm{kg}$	0.28	2.22	7.5	34.72	142.22	277.78	937.5

② 爆破安全距离

$$R_\mathrm{F}=20K_\mathrm{F}n^2W_1$$

以 $W_1=3\ \mathrm{m}$，$K_\mathrm{F}=1$，$n=1$ 代入上式计算，得到 $R_\mathrm{F}=60\ \mathrm{m}$。

③ 安全防护措施

在被保护物与爆区之间开挖减震沟。对被保护物采取加固措施。

爆破产生的飞石及滚落的石块会对被保护的建筑设施造成破坏。为保护飞石不对建筑物产生危害，可采取的具体措施如下：

严格按照设计施工，保证填塞长度和填塞质量。

临近被保护物的爆区，对爆区表面进行覆盖。先压一层沙土袋，盖一层竹排，再压一层沙土袋，罩一层尼龙网，最后再压一层沙土袋。形成三层沙土袋，一层竹排，一层尼龙网，以保证爆区无飞石。

对爆区被保护物，在其朝向爆区的方向上搭上排架，使排架高度超过被保护物高度，以保证能有效阻挡个别飞石损坏文物。

（2）爆破警戒范围

根据《爆破安全规程》（GB 6722—2014）规定，露天深孔爆破安全距离按设计但不得小于 200 m。

5.4.2　例题二

1）爆破方案

采用深孔台阶爆破，台阶高度 12 m。引水渠两侧边坡采用预裂爆破，一次开挖到底。开挖由两侧向中间推进，保证爆破时有侧向临空面。考虑周围环境较复杂，为降低爆破振动对小学的影响，选用钻孔直径 76 mm。

2）爆破参数设计

（1）主爆孔参数设计

钻孔直径 $d=76\ \mathrm{mm}$，根据断面尺寸，每个断面布置垂直炮孔 4 个：中间布孔 2 个，深 $L=H/\sin\alpha+h=13.0\ \mathrm{m}$，距中心线 1.5 m；两侧距边坡 2.5 m 各布炮孔 1 个，孔深 5.3 m。采用多孔粒状铵油炸药装填，乳化炸药药卷起爆，延米装药量

4.0 kg/m。取炮孔填塞长度 $L_2=2.5$ m,则各炮孔装药长度分别为 2.8 m、10.5 m、10.5 m、2.8 m,单孔装药量分别取 11 kg、42 kg、42 kg 和 11 kg,每个断面总装药量为 $Q_\Sigma=106$ kg。

引水渠断面积为 $S=108$ m²,岩石为中风化花岗岩,普氏系数 $f=12\sim14$,取单位炸药消耗量 $q=0.46$ kg/m³,由体积公式,$Q_\Sigma=qSW_1$,代入得 $W_1=2.1$ m,取排距 $b=W_1=2.1$ m。

（2）预裂爆破设计

钻孔直径 $d=76$ mm,钻孔角度:顺引水渠两侧边坡钻凿,与地面夹角 $\alpha=76°$,超深 1.1 m,炮孔长度 13.5 m,孔距 $a=0.8$ m,根据岩性取线装药密度 $q_1=350$ g/m,单孔装药量 $Q_1=4.7$ kg,取 $Q_1=5.0$ kg,孔口填塞 1 m。每次布孔起爆 5 排,预裂孔超前布置 4 m。

附图:炮孔布置横断面示意图、炮孔平面布置图、主炮孔、预裂（光面）孔装药图,如图 5.13、图 5.14、图 5.15 所示。

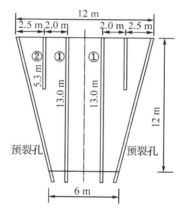

图 5.13　炮孔布置横断面示意图

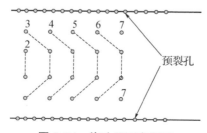

图 5.14　炮孔平面布置图

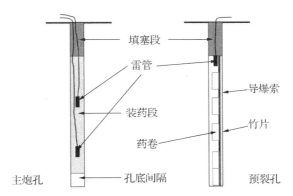

图 5.15 主炮孔、预裂(光面)孔装药图

注:在实际施工中根据爆破效果和周围环境对以上相关参数进行调整。

3)起爆网路设计

预裂:预裂孔采用导爆索起爆网路,两侧分别用 MS1 和 MS3 段导爆管毫秒延时雷管起爆导爆索,与主炮孔分开起爆;主炮孔采用导爆管毫秒延时起爆网路,大 V 形起爆形式,5 排炮孔分 6 段延时,分别在孔内布置 MS1、MS3、MS5、MS6、MS7、MS8 段雷管,孔外采用导爆管网格式闭合网路,最终用 2 发电雷管激发起爆。起爆顺序见图 5.16。

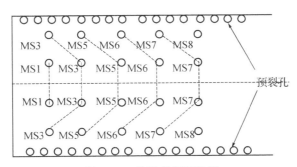

图 5.16 炮孔起爆网路图

4)安全防护设计

(1)爆破振动的控制与防护

① 爆破振动

$$V=K\left(\frac{\sqrt[3]{Q}}{R}\right)^{\alpha}$$

以 $Q=106$ kg,$R=300$ m,$K=150$,$\alpha=1.5$ 代入上式计算,得到 $V=0.297$ cm/s,根据《爆破安全规程》(GB 6722—2014)规定,深孔爆破对一般民用建筑允许的爆破

振动速度 $V=2\sim2.5$ cm/s。

② 爆破安全距离

$$R_F=20K_Fn^2W_1$$

以 $W_1=2.1$ m，$K_F=1$，$n=1$ 代入上式计算，得到 $R_F=42$ m。

③ 安全防护措施

在学校与爆区之间开挖减震沟。对教学楼采取加固措施。

爆破产生的飞石及滚落的石块会对被保护的建筑设施造成破坏。为保护飞石不对建筑物产生危害，可采取的具体措施如下：

严格按照设计施工，保证填塞长度和填塞质量。

临近被保护物的爆区，对爆区表面进行覆盖。先压一层沙土袋，盖一层竹排，再压一层沙土袋，罩一层尼龙网，最后再压一层沙土袋。形成三层沙土袋，一层竹排，一层尼龙网，以保证爆区无飞石。

对爆区被保护物，在其朝向爆区的方向上搭上排架，使排架高度超过被保护物高度，以保证能有效阻挡个别飞石损坏文物。

（2）爆破警戒范围

根据《爆破安全规程》（GB 6722—2014）规定，露天深孔爆破安全距离按设计但不得小于 200 m。

5.4.3 例题三

1）爆破方案

采用深孔台阶爆破，以开挖深度作为台阶高度 $H=8$ m。引水渠两侧边坡采用预裂爆破。开挖由两侧向中间推进，保证爆破时有侧向临空面；倾斜钻孔；每次爆破不超过 $5\sim6$ 排。为降低爆破振动对学校和村庄的影响，选用钻孔直径 $d=76$ mm；采用导爆管雷管毫秒延时起爆网路，装药使用乳化炸药药卷，$d_1=60$ mm。

2）爆破参数设计

（1）主爆孔参数设计

钻孔直径 $d=76$ mm，向两侧临空面方向倾斜钻孔，与地面夹角 $\alpha=71.6°$（垂直∶水平为 3∶1）。每横断面布置炮孔 4 个，中间 2 个主炮孔超深 0.8 m，炮孔深度 9.3 m（斜长），孔距 $a=3.0$ m；两侧在距边坡 2.0 m 处各布置辅助炮孔 1 个，孔深 4.2 m（斜长、孔底距边坡面 0.5 m）。

主炮孔采用混合装药结构：底部 2.3 m 采用耦合装药，装药直径 76 mm，线装药密度 4.5 kg/m(将乳化炸药药卷包装划破后装入),填塞长度 2 m,其余部分装入 60 mm 乳化炸药药卷,线装药密度 2.8 kg/m。每孔装药量 $Q_1=4.5×2.3+2.8×5=24.4$ kg。辅助炮孔装入乳化炸药 60 mm 药卷,填塞长度 2 m,装药长度 2.2 m,每孔装药量 $Q_1=2.8×2.2=6.2$ kg。每个断面总装药量取 $Q_\Sigma=24×2+6×2=60$ kg。

每个断面的面积为 72 m²,岩石为中风化花岗岩,普氏系数 $f=10\sim12$,取单位炸药消耗量 $q=0.4$ kg/m³,由体积公式,$Q_\Sigma=qSW_1$,代入得 $W_1=2.1$ m,取排距 $b=W_1=2.1$ m。

注:在实际施工中根据爆破效果和周围环境对以上相关参数进行调整。

(2) 预裂爆破设计

预裂爆破设计:钻孔直径 $d=76$ mm。钻孔角度:顺引水渠两侧边坡钻凿,与地面夹角 $\alpha=69.4°$,超深 0.8 m,炮孔长度 9.4 m,孔距 $a=0.8$ m,根据岩性取线装药密度 $q_1=425$ g/m,单孔装药量 $Q_1=4.0$ kg,孔口填塞 1 m。

附图:爆区炮孔布置横断面示意图、炮孔布置纵断面示意图、炮孔平面布置图、主炮孔、预裂孔装药图,如图 5.17、图 5.18、图 5.19、图 5.20 所示。

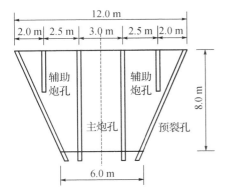

图 5.17 炮孔布置横断面示意图

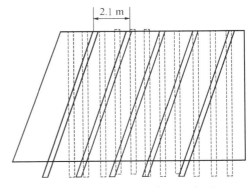

图 5.18 炮孔布置纵断面示意图

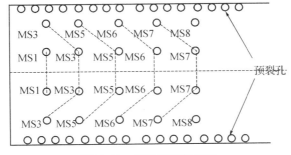

图 5.19 炮孔平面布置图

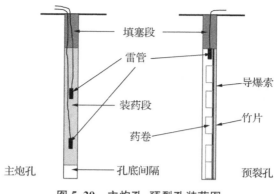

图 5.20　主炮孔、预裂孔装药图

注：在实际施工中根据爆破效果和周围环境对以上相关参数进行调整。

3）起爆网路设计

预裂：预裂孔采用导爆索起爆网路，两侧分别用 MS1 和 MS3 段导爆管毫秒延时雷管起爆导爆索，与主炮孔分开起爆；主炮孔采用导爆管毫秒延时起爆网路，大 V 形起爆形式，5 排炮孔分 6 段延时，分别在孔内布置 MS1、MS3、MS5、MS6、MS7、MS8 段雷管，孔外采用导爆管网格式闭合网路，最终用 2 发电雷管激发起爆。炮孔起爆网路图见图 5.21。

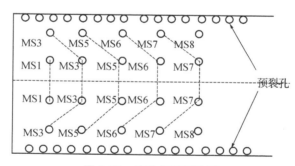

图 5.21　炮孔起爆网路图

4）安全防护设计

（1）爆破振动的控制与防护

① 爆破振动

$$V=K\left(\frac{\sqrt[3]{Q}}{R}\right)^{\alpha}$$

以 $Q=60$ kg，$R=150$ m，$K=150$，$\alpha=1.5$ 代入上式计算，得到 $V=0.63$ cm/s，根据《爆破安全规程》（GB 6722—2014）规定，深孔爆破对一般民用建筑允许的爆破

振动速度 $V = 2.2 \sim 2.5$ cm/s。

② 爆破安全距离

$$R_F = 20 K_F n^2 W_1$$

以 $W_1 = 2.1$ m，$K_F = 1$，$n = 1$ 代入上式计算，得到 $R_F = 42$ m。

③ 安全防护措施

在砖砌围墙与爆区之间开挖减震沟。对教学楼采取加固措施。

爆破产生的飞石及滚落的石块会对被保护的建筑设施造成破坏。为保护飞石不对建筑物产生危害，可采取的具体措施如下：

严格按照设计施工，保证填塞长度和填塞质量。

临近被保护物的爆区，对爆区表面进行覆盖。先压一层沙土袋，盖一层竹排，再压一层沙土袋，罩一层尼龙网，最后再压一层沙土袋。形成三层沙土袋，一层竹排，一层尼龙网，以保证爆区无飞石。

对爆区被保护物，在其朝向爆区的方向上搭上排架，使排架高度超过被保护物高度，以保证能有效阻挡个别飞石损坏文物。

（2）爆破警戒范围

根据《爆破安全规程》（GB 6722—2014）规定，露天深孔爆破安全距离按设计但不得小于 200 m。

第6章
巷道掘进爆破设计

6.1 导论

6.1.1 巷道掘进的概念

巷道掘进是指在岩（土）层或矿层中，开掘各种形状、断面或纵横交错的井、巷、峒室的工作。掘进工序分为主要工序和辅助工序。巷道掘进的主要工序是直接在工作面上完成的保证工作面进度的工序，以及在巷道掘进区域进行的支护作业。巷道掘进的主要工序由巷道穿过的岩石性质而定。掘进硬岩时的主要工序有：钻眼、装药、放炮、通风和工作面的安全检查、装岩、巷道支护；掘进软岩的基本工序有：开掘岩石、装岩、支护。如采用风镐、联合机等方法开掘，则掘进作业有连续作业的特点。主要工序可以按严格的程序依次完成，也可以在时间上同时进行（钻眼和装岩部分平行、钻眼与支护完全平行）。辅助工序是保证主要工序正常进行的工序，它包括调车、通风、排水、临时支架、工作面铺轨、照明、敷设风筒和电缆等工作。在大多数情况下，它是与主要工序同时进行的，而不需占用掘进循环时间。

6.1.2 巷道掘进爆破的主要方法

地下爆破设计特点：井巷、隧道等均为单自由面，夹制作用大，炮孔深度受到限制，一般孔深为 1.5～3.0 m。地下采矿爆破多采用钻孔爆破法。根据矿体赋存情况和设备能力及条件，按孔径和孔深的不同分为浅孔（孔径 38～42 mm）爆破和深孔（中深孔：51～75 mm；深孔：95～110 mm；大直径深孔：150～165 mm）爆破，药室爆破已很少采用。

如图 6.1 所示,平巷掘进中的炮孔,按其位置和作用的不同可分为掏槽孔、辅助孔(崩落孔)和周边孔。周边孔又可分为顶孔、底孔和邦孔。

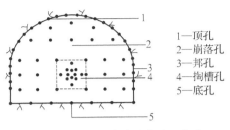

1—顶孔
2—崩落孔
3—邦孔
4—掏槽孔
5—底孔

图 6.1 平巷爆破炮孔布置及名称

掏槽孔的位置会影响岩石的抛掷距离和破碎块度。掏槽孔一般设置在巷道断面中央靠近底板处,第一排辅助孔之上。这样便于打孔时掌握方向,并有利于其他多数炮孔能借助于岩石的自重崩落。在掘进断面中如果存在显著易爆的软弱岩层时,则应将掏槽孔布置在这些软弱层中。为了提高其他炮孔的爆破效果,掏槽孔应比其他炮孔加深 0.15～0.25 m。装药系数(装药长度与炮孔长度比值)一般为 0.50～0.80。

周边孔是爆落巷道周边岩石,最后形成巷道断面设计轮廓的炮孔,它的作用是控制巷道断面的规格形状。周边孔一般布置在断面轮廓线上,按光面爆破要求,各炮孔要互相平行,孔底落在同一平面上;底孔的最小抵抗线和炮孔间距一般比辅助孔稍小一些。为保证爆破后在巷道底板不留"根底",底孔孔口应比巷道底板高出 0.1～0.2 m,但其孔底应超过底板轮廓线,低于底板 0.1～0.3 m。孔深加深 0.2 m 左右,装药系数一般为 0.50～0.70,抛碴爆破时,每孔增加 1～2 个药卷。

布置好周边孔和掏槽孔后,再布置辅助孔。辅助孔的作用是扩大和延伸掏槽的范围,以槽腔为自由面层层布置,均匀地分布在被爆岩体上,其孔间距一般为 0.5～1.0 m,炮孔方向一般垂直于工作面。装药系数一般为 0.45～0.60。应根据断面大小和形状调整好最小抵抗线和炮孔密集系数。

6.2 巷道掘进爆破设计流程

6.2.1 编制依据

1)《爆破安全规程》(GB 6722—2014);

2)《民用爆炸物品安全管理条例》(国务院令第 466 号);

3)其他相关法律法规及技术资料。

6.2.2 工程概况

抄题目,计算隧道开挖面积。

6.2.3 爆破方案

隧道围岩条件较好,采用全断面一次性钻爆开挖方案,即采用中间掏槽、四周辅助孔、周边按光面爆破的方式开挖,钻孔直径 $d=(36\sim42\ mm)$,使用 2 号岩石乳化炸药,药卷直径 $d_1=32/35\ mm$(每卷长 200 mm,重 200 g),线装药密度 1 kg/m,用导爆管毫秒延期雷管进行网路连接。

6.2.4 爆破参数设计

1)开挖循环进尺

根据隧道断面及岩性特征,结合类似工程经验,循环进尺取(_____ m),炮孔利用率 $\eta=0.85$,钻孔深度为 $L=(2.2\sim2.5/1.5\sim2.2\ m)$;

注:目前较多采用的炮孔深度为 1.2~1.8 m,炮孔深度指孔底到工作面的垂直距离。炮孔方向的实际长度称为炮孔长度。每掘进循环的计划进尺数(循环进尺)与炮孔深度之比为炮孔利用率,用 η 表示。采用普通型孔径(40~42 mm)时,其孔深(m)可按表 6.1 选取:

表 6.1　开挖循环进尺相关参数设计

岩石坚固性系数/f	孔深/m	
	掘进断面面积≤12 m²	掘进断面面积>12 m²
1.6~3	2~3	2.5~3.5
4~6	1.5~2	2.2~2.5
7~20	1.2~1.8	1.5~2.2

注:随着爆破器材的改进和凿岩机械化水平的提高,在巷道围岩条件较好的情况下,可以加大炮孔深度,尽量采取中深孔爆破。目前较多采用的炮孔深度为 1.2~1.8 m,中深孔 2.5~3.5 m,深孔 3.5~5.15 m。

2)炮孔布置

(1)钻孔直径:掏槽中间空孔 $D=(70/89\ mm)$,其他孔孔径 $d=(42\ mm)$;

（2）掏槽孔：采用楔形掏槽，布3组掏槽孔，掏槽角取 $\alpha=(65°/60°)$，掏槽孔长度 $L_1=L/\sin\alpha+0.2=(\underline{\qquad}\ \text{m})$，槽口宽 $L_2=2L_1\times\cos\alpha+0.2=(\underline{\qquad}\ \text{m})$，掏槽孔排距 $L_3=(0.4/0.3\ \text{m})$，具体布置结构如图6.2所示。

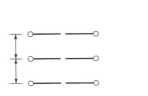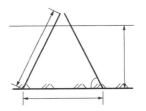

图6.2 楔形掏槽孔炮孔布置图

采用大空孔角柱状掏槽，孔距 $L_1=(1.5D\ \text{m})$，$L_2=(2.5D\ \text{m})$，掏槽孔长度 $=(\underline{\qquad}\ \text{m})$，具体布置结构如图6.3所示。

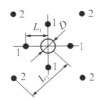

图6.3 大空孔角柱状掏槽炮孔布置

（3）周边孔：离周边（0.1～0.2 m）布置，孔距一般取0.4～0.6 m。本工程直墙孔孔距取（$\underline{\qquad}$ m），孔数（$\underline{\qquad}$）个（两侧，起拱点算，底角孔不算），炮孔长度（$\underline{\qquad}$ m）；拱顶孔孔距取（$\underline{\qquad}$ m），孔数（$\underline{\qquad}$）个，炮孔长度（$\underline{\qquad}$ m）；底孔孔距取（0.4～0.7 m），孔数（$\underline{\qquad}$）个（含两底角孔），孔底应低于底板（0.1～0.2 m），炮孔长度（$\underline{\qquad}$ m）。

注：底孔和掏槽孔较长，长0.2 m。周边孔分为顶孔、帮孔和底孔。底孔的最小抵抗线和炮孔间距一般比辅助孔稍小一些，底孔孔口应比巷道底板高出0.1～0.2 m，但其孔底应超过底板轮廓线低于底板0.1～0.3 m。周边若为光爆孔，$a=mW$，软岩 $m=0.6～0.7$，硬岩 $m=0.8～1.0$。

（4）辅助孔：采用垂直孔布置，根据类似工程经验，孔距一般取0.5～1.0 m，排距一般取0.65～0.8 m，本工程取孔距（$\underline{\qquad}$ m）、排距（$\underline{\qquad}$ m），炮孔数目为（$\underline{\qquad}$）个，炮孔长度为（$\underline{\qquad}$ m）。

注：掏槽孔一般设置在巷道断面中央靠近底板处，第一排辅助孔之上。

附图：炮孔布置图如图6.4、图6.5、图6.6所示。

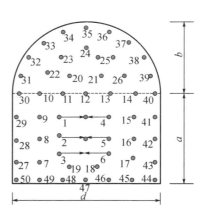

掏槽孔(1~6)，MSl;

辅助孔(7~19)，MS3;

辅助孔(20~21)，MS4;

辅助孔(22~26)，MS5;

周边孔(27~43)，MS6;

底板孔(44~50)，MS7。

图 6.4　炮孔布置图 1

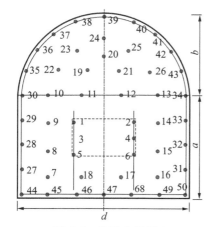

图 6.5　炮孔布置图 2

按比例画出巷道断面图

按照掏槽大样图布置掏槽孔-楔形掏槽

布置周边孔—直墙孔(＿＿＿＿＿＿＿)个

布置周边孔—拱顶孔(＿＿＿＿＿＿＿)个

布置周边孔—底孔(＿＿＿＿＿＿＿)个

布置辅助孔—(＿＿＿＿＿＿＿)个

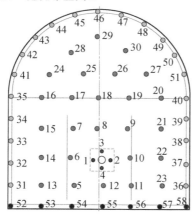

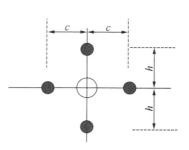

图 6.6　炮孔布置图 3

3）装药量设计

（1）掏槽孔：按装药系数（直孔一般取 0.7，斜孔一般取 0.5）计算，单孔装药量 $Q_1 = q_线 \times$ 装药系数 $\times$ 炮孔长度＝（_____kg），装药（_____）卷，填塞长度（_____m）；

（2）周边孔：直墙孔、拱顶孔按装药系数（比掏槽孔小 0.2）计算，单孔装药量 $Q_2 = q_线 \times$ 装药系数 $\times$ 炮孔长度＝（_____kg），装药（_____）卷，填塞（_____m）〔直墙部分和半圆拱部分采用光面爆破，根据经验，直墙、拱顶全线平均装药密度取 $q_光 = (0.1 \sim 0.2 / 0.2 \sim 0.25 \text{ kg/m})$，单孔装药量 $Q_2 = L q_光 ＝$（_____kg），间隔装药结构，用导爆索连接，填塞（_____m）〕；底板孔按装药系数（比掏槽孔小 0.05），单孔装药量 $Q_3 = q_线 \times$ 装药系数 $\times$ 炮孔长度＝（_____kg），装药（_____）卷，填塞长度（_____m）；

（3）辅助孔：按装药系数（比掏槽孔小 0.1）计算，单孔装药量 $Q_4 = q_线 \times$ 装药系数 $\times$ 炮孔长度＝（_____kg），装药（_____）卷，填塞长度（_____m）。

注：多孔粒状铵油炸药、2 号乳化炸药、粉状乳化炸药（药卷密度 0.8～0.9 g/cm³、0.95～1.3 g/cm³、0.85～1.05 g/cm³）连续装药，药卷直径一般为（32/35 mm），延米装药量（_____kg/m）。为方便记忆，所有炸药的药卷密度可以取 0.9 g/cm³。

设计参数汇总如表 6.2 所示：

表 6.2 爆破参数

名称	炮孔编号	孔深/m	孔数	单孔药量/kg（卷数）	总装药量/kg	爆破顺序	装药结构
中空孔	—			—	—	—	—
掏槽孔						Ⅰ（1 段雷管）	连续柱状
辅助孔①						Ⅱ（3 段雷管）	连续柱状
辅助孔②						Ⅲ（5 段雷管）	连续柱状
_____						Ⅳ（6 段雷管）	连续柱状
边墙孔						7	间隔装药
拱顶孔						8	间隔装药
底板孔						9	连续柱状
合计							

注：在实际施工中根据爆破效果和周围环境对以上相关参数进行调整。

6.2.5　设计校核

1）孔数计算：$S=(\underline{\hspace{2cm}}\,\mathrm{m}^2)$，取 $f=(\underline{\hspace{2cm}})$，

$$N=3.3\sqrt[3]{fS^2}$$

实际布孔（$\underline{\hspace{2cm}}$）个，计算值与实际布孔数基本符合。

2）单耗计算：

$$q=1.1k_0\sqrt{f/S}$$

以 $k_0=525/260=2.01$，$f=(\underline{\hspace{2cm}})$，$S=(\underline{\hspace{2cm}}\,\mathrm{m}^2)$ 代入，得 $q=(\underline{\hspace{2cm}}\,\mathrm{kg/m}^3)$。爆破开挖体积 $V=S\cdot L\cdot\eta=(\underline{\hspace{2cm}}\,\mathrm{m}^3)$，总药量 $Q=(\underline{\hspace{2cm}}\,\mathrm{kg})$，实际单耗为（$\underline{\hspace{2cm}}\,\mathrm{kg/m}^3$）。选择的单耗是合适的。

6.2.6　装药结构

1）掏槽孔、辅助孔、底孔均采用连续装药结构。

2）光爆孔采用间隔装药结构，将药卷与导爆索绑在一起，再绑在竹片上，形成药串，就位后用纸团封盖药柱，然后用沙、岩粉填塞捣实。炮孔连续装药结构示意图、炮孔间隔装药结构示意图如图 6.7、图 6.8 所示。

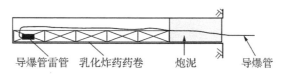

导爆管雷管　乳化炸药药卷　炮泥　　　导爆管

图 6.7　炮孔连续装药结构示意图

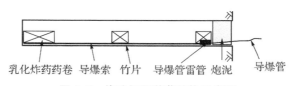

乳化炸药药卷　导爆索　竹片　导爆管雷管　炮泥　　　导爆管

图 6.8　炮孔间隔装药结构示意图

6.2.7　起爆网路

采用导爆管起爆网路，掏槽孔、辅助孔、底板孔均采用导爆管雷管；两侧的边墙孔和拱顶孔采用导爆索入孔，外接导爆管雷管。为保证快速掘进、减少一次起爆药量以及降低爆破振动强度，采用毫秒延时起爆网路，具体起爆顺序和雷管段别见表 6.2。

采用由毫秒延时电雷管组成的电爆网路,串联连接,分8段起爆,各段对应的毫秒延时电雷管段别为:MS1、MS3、MS5、MS7、MS8、MS9、MS10、MS11。

6.2.8　经济指标

1)总钻孔数 $N=($_____$)$个,钻孔总米数(_____m)。合每立方岩石消耗钻孔(_____m)。

2)使用炸药(_____kg),合单位炸药消耗量为(_____kg/m^3)。

6.2.9　安全防护设计

1)采用毫秒或半秒延时爆破,降低单段起爆炸药量,尽可能避免或降低爆破空气冲击波的叠加,或者减少一次起爆的炸药量,降低爆破空气冲击波的强度。

2)人员全部撤离到隧道口两侧的安全地带后,才允许起爆;爆破时,隧道口及隧道口正线上严禁人员停留,人员必须撤离到隧道口两侧的安全地带,以杜绝爆破空气冲击波伤人。

3)设备应撤到隧道两侧的安全地带或撤到避炮硐内,避免爆破冲击波对设备造成损伤。严禁裸露爆破,炮孔均应按设计的充填长度用炮泥充填,确保充填长度和充填质量,以降低空气冲击波的强度。

4)炮响后,若准备尽快进入爆破现场,检查爆破效果和爆后工作面安全状况,则应立即打开局扇进行通风;并至少经过15分钟通风,吹散炮烟并检查确认空气合格后,才准许爆破工作人员(可由爆破安全员和爆破员各一名)进入爆破作业地点进行检查。

5)在硐口爆破作业时,安全警戒范围为300 m。在隧道内作业时,应根据工作面距隧道口的距离确定安全警戒范围。

巷道掘进爆破设计参数及取值见表6.3。

表6.3　巷道掘进爆破设计参数及取值

掏槽孔	
孔径 d	浅孔:38~42 mm;空孔:70/89 mm
钻孔深度 L	2.2~2.5/1.5~2.2 m
孔长及间距	根据不同的掏槽方式而定,掏槽孔较长,长0.2 m
装药系数	直孔一般取0.7,斜孔一般取0.5

掏槽孔	
单孔装药量 Q_1	经过计算,按照浅孔孔径,一般取线装药密度:1 kg/m。单孔装药量: Q=炮孔长度×装药系数×1 kg/m
填塞长度	l=炮孔长度×(1−装药系数)
装药结构	连续装药结构
周边孔	
孔径 d	浅孔:38～42 mm
炮孔长度	L=2.2～2.5/1.5～2.2 m
炮孔间距:直墙、拱顶	离周边 0.1～0.2 m,孔距一般取 0.4～0.6 m
炮孔间距:底孔	孔口比巷道底板高出 0.1～0.2 m,底孔孔距取 0.4～0.7 m
装药系数:直墙、拱顶	0.5、0.3;光面:0.1～0.2/0.2～0.25 kg/m,可以取 0.2 kg/m
装药系数:底孔	0.65、0.45
单孔装药量 Q_2	同上,光爆孔假设的是全线平均装药密度
填塞长度	l=炮孔长度×(1− 装药系数)、光爆孔:(12～20)d
装药结构	墙、拱:间隔装药结构;底孔:连续装药结构
辅助孔	
孔径 d	浅孔:38～42 mm
炮孔长度	L=2.2～2.5/1.5～2.2 m
炮孔间距	0.5～1.0 m
炮孔排距	0.65～0.8 m
装药系数	0.6、0.4
单孔装药量 Q_1	经过计算,按照浅孔孔径,一般取线装药密度:1 kg/m。单孔装药量: Q=炮孔长度×装药系数×1 kg/m
填塞长度	l=炮孔长度×(1−装药系数)

6.3 本讲例题

6.3.1 例题一

某煤矿巷道断面形状为直墙半圆拱形,掘进断面墙高 1.6 m,宽度 4.6 m,穿过的岩层主要为页岩，坚固性系数 $f=6\sim8$。施工采用 YT-28 型气腿式风动凿岩机钻孔。

6.3.2　例题二

某地下工程的巷道开挖断面底宽 4.0 m，直墙高为 2.5 m，顶部半圆拱。巷道围岩是石灰岩，整体性较好，裂隙不发育，岩石的普氏系数 $f=12\sim14$。施工中采用 YT-28 型气腿式风动凿岩机钻孔。

6.3.3　例题三

某地下工程的巷道开挖断面底宽 4.0 m，直墙高为 2.5 m，顶部半圆拱。巷道围岩是石灰岩，整体性较好，裂隙不发育，岩石的普氏系数 $f=12\sim14$。施工中采用 YT-28 型气腿式风动凿岩机钻孔。设计要求：做出可实施的爆破技术设计，设计文件应包括（但不限于）：爆破方案选择、爆破参数设计、药量计算、起爆网路设计、爆破安全设计计算、安全防护措施等及相应的设计图和计算表。

6.4　参考答案

6.4.1　例题一

1）编制依据

（1）《爆破安全规程》（GB 6722—2014）；

（2）《民用爆炸物品安全管理条例》（国务院令第 466 号）；

（3）其他相关法律法规及技术资料。

2）工程概况

巷道开挖断面底宽 4.6 m，直墙高为 1.6 m，顶部半圆拱。巷道断面积 $S=1.6\times4.6+\pi R^2/2=15.67$ m²。

3）爆破方案

根据题意，岩性为页岩，坚固性系数 $f=6\sim8$。采用全断面开挖，一次成型；为保证巷道围岩稳定、减少超欠挖，周边采用光面爆破技术。施工采用 YT-28 型气腿式风动凿岩机钻孔。钻孔直径 $d=40$ mm。

4）爆破参数设计

（1）开挖循环进尺

根据隧道断面及岩性特征，结合类似工程经验，循环进尺取 1.9 m，炮孔利用率 $\eta=0.95$，钻孔深度为 $L=2$ m。

（2）炮孔布置

① 掏槽方式：采用楔形掏槽，布 3 组掏槽孔，掏槽孔排距 0.5 m，掏槽角取 $75°$；掏槽孔炮孔长度 $L_1=L/\sin75°+0.2=2.3$ m；槽口宽 $=2L_1\times\cos75°+0.2=1.4$ m；掏槽孔布置在断面中心偏下部位。楔形掏槽孔炮孔布置图如图 6.9 所示。

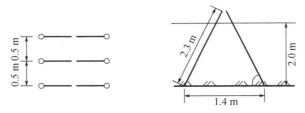

图 6.9 楔形掏槽孔炮孔布置图

② 周边孔：周边采用光面爆破，两侧边墙各布置光爆孔 3 个，孔距 $a=50$ cm，孔深 2.0 m；顶拱布置光爆孔 13 个，孔距 $a=52$ cm，孔深 2.0 m；光爆孔顺轮廓面钻凿，外插角 $3°$。底板孔布置 8 个，孔距 $a=66$ cm，孔底要超过底板轮廓线，孔深 2.2 m。

③ 辅助孔：辅助孔均匀布置在掏槽孔与周边孔之间，孔距 $a=70\sim80$ cm，孔深 2 m，炮孔数 14 个。

附图：炮孔布置图如图 6.10 所示。

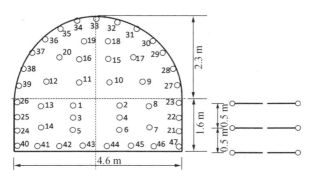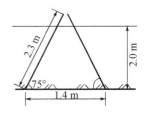

图 6.10 炮孔布置图

（3）药量计算

① 掏槽孔：按装药系数 0.7 计算，单孔装药量 $Q_1=1.6$ kg，装药 8 卷，填塞 0.7 m。

② 直墙部分和半圆拱部分采用光面爆破，根据经验，直墙、拱顶全线平均装药密度取 $q_光=200$ kg/m，单孔装药量 $Q_2=Lq_光=0.4$ kg，间隔装药结构，用导爆索连接；底孔取装药系数 0.65，单孔装药量为 1.4 kg。

③ 辅助孔：按装药系数 0.6 计算，单孔装药量 $Q_1=1.4$ kg，装药 6 卷，填塞 0.8 m。

设计参数汇总如表 6.4 所示：

表 6.4 爆破参数

名称	炮孔编号	孔深/m	孔数	单孔药量/kg（卷数）	总装药量/kg	爆破顺序	装药结构
掏槽孔	1～6	2.3	6	1.6	9.6	Ⅰ（1 段雷管）	连续柱状
辅助孔①	7～14	2.0	8	1.2	9.6	Ⅱ（3 段雷管）	连续柱状
辅助孔②	15～16	2.0	2	1.2	2.4	Ⅲ（5 段雷管）	连续柱状
辅助孔③	17～20	2.0	4	1.2	4.8	Ⅳ（6 段雷管）	连续柱状
边墙孔	21～26	2.0	6	0.4	2.4	Ⅴ（7 段雷管）	间隔装药
拱顶孔	27～39	2.0	13	0.4	5.2	Ⅵ（8 段雷管）	间隔装药
底板孔	40～47	2.2	8	1.3	10.4	Ⅶ（9 段雷管）	连续柱状
合计			47		44.4		

注：在实际施工中根据爆破效果和周围环境对以上相关参数进行调整。

5）设计校核

（1）孔数计算：$S=15.67$ m²，取 $f=6(8)$，

$$N=3.3\sqrt[3]{fS^2}$$

得 $N=38(41)$，实际布孔 47，计算值与实际布孔数基本符合；

（2）单耗计算：

$$q=1.1k_0\sqrt{f/S}$$

以 $k_0=525/260=2.01$，$f=6(8)$，$S=15.67$ m² 代入，得 $q=1.36(1.58)$ kg/m³。爆破开挖体积 $V=S·L·\eta=29.77$ m³，总药量 $Q=44.4$ kg，实际单耗为 1.49 kg/m³。选择的单耗是合适的。

6）装药结构

（1）掏槽孔、辅助孔、底孔均采用连续装药结构；

（2）光爆孔采用间隔装药结构，将药卷与导爆索绑在一起，再绑在竹片上，形成药串，就位后用纸团封盖药柱，然后用沙、岩粉填塞捣实。炮孔连续装药结构示意图、炮孔间隔装药结构示意图如图 6.11、图 6.12 所示。

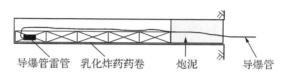

图 6.11　炮孔连续装药结构示意图

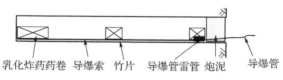

图 6.12　炮孔间隔装药结构示意图

7）起爆网路

采用导爆管起爆网路，掏槽孔、辅助孔、底板孔均采用导爆管雷管；两侧的边墙孔和拱顶孔采用导爆索入孔，外接导爆管雷管。为保证快速掘进、减少一次起爆药量以及降低爆破振动强度，采用毫秒延时起爆网路，具体起爆顺序和雷管段别见表 6.4。

8）安全防护设计

（1）采用毫秒或半秒延时爆破，降低单段起爆炸药量，尽可能避免或降低爆破空气冲击波的叠加，或者减少一次起爆的炸药量，降低爆破空气冲击波的强度。

（2）人员全部撤离到隧道口两侧的安全地带后，才允许起爆；爆破时，隧道口及隧道口正线上严禁人员停留，人员必须撤离到隧道口两侧的安全地带，以杜绝爆破空气冲击波伤人。

（3）设备应撤到隧道两侧的安全地带或撤到避炮硐内，避免爆破冲击波对设备造成损伤。严禁裸露爆破，炮孔均应按设计的充填长度用炮泥充填，确保充填长度和充填质量，以降低空气冲击波的强度。

（4）炮响后，若准备尽快进入爆破现场，检查爆破效果和爆破后工作面安全状况，则应立即打开局扇进行通风；并须至少经过 15 分钟通风，吹散炮烟并检查确认空气合格后，才准许爆破工作人员（可由爆破安全员和爆破员各一名）进入爆破作业地点进行检查。

（5）在硐口爆破作业时，安全警戒范围为 300 m。在隧道内作业时，应根据工作面距隧道口的距离确定安全警戒范围。

6.4.2　例题二

1）编制依据

（1）《爆破安全规程》（GB 6722—2014）；

（2）《民用爆炸物品安全管理条例》（国务院令第 466 号）；

（3）其他相关法律法规及技术资料。

2）工程概况

巷道开挖断面底宽 4.0 m，直墙高为 2.5 m，顶部半圆拱。巷道断面积 $S=2.5\times 4+\pi R^2/2=16.28$ m^2。

3）爆破方案

根据题意，巷道围岩为石灰岩，岩石完整性好，$f=12\sim14$。采用全断面一次性开挖成型的施工方法。钻孔直径 $d=42$ mm，使用 2 号岩石乳化炸药，药卷直径 $d_1=35$ mm，每卷药卷长 200 mm，重 200 g，线装药密度 $q_1=1$ kg/m。

4）爆破参数设计

（1）开挖循环进尺

根据隧道断面及岩性特征，结合类似工程经验，循环进尺取 1.8 m，炮孔利用率 $\eta=0.9$，钻孔深度为 $L=2$ m。

（2）炮孔布置

① 掏槽方式：楔形掏槽，布 3 组掏槽孔，掏槽孔排距 0.5 m，掏槽角取 75°。掏槽位置：断面的中央偏下，并考虑辅助孔的布置较均匀。掏槽孔数：6 个。炮孔长度：2.3 m。楔形掏槽孔炮孔布置如图 6.13 所示。

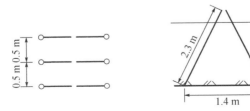

图 6.13　楔形掏槽孔炮孔布置

② 周边孔:离周边 0.1 m 布置。直墙孔:孔数 8 个(两侧,起拱点算,底角孔不算),孔距 0.6 m。拱顶孔:孔数 9 个,孔距＝0.63 m。底孔:孔数 7 个(含两底角孔),孔距＝0.63 m。炮孔长度:直墙孔、顶孔 2 m,底孔 2.2 m。

③ 辅助孔:在掏槽孔与周边孔之间均匀布置辅助孔,孔排距 0.65～0.8 m,孔数＝20,炮孔长度 2 m。

附图:炮孔布置图如图 6.14 所示。注:掏槽孔一般设置在巷道断面中央靠近底板处,第一排辅助孔之上。

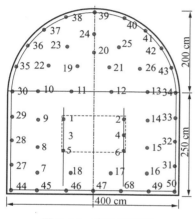

图 6.14　炮孔布置图

按比例画出巷道断面图
按照掏槽大样图布置掏槽孔——楔形掏槽
布置周边孔——直墙孔 8 个
布置周边孔——拱顶孔 9 个
布置周边孔——底孔 7 个
布置辅助孔——20 个

(3) 药量计算

① 掏槽孔:按装药系数 0.7 计算,单孔装药量 $Q_1 = 1.6$ kg,装药 8 卷,填塞 0.7 m。

② 周边孔:直墙孔、拱顶孔按装药系数 0.50 计算,单孔装药量 $Q_1 = 1.0$ kg,装药 5 卷,填塞 1.0 m;底板孔按装药系数 0.65 计算,单孔装药量 $Q = 1.4$ kg,装药 7 卷,填塞长度 0.8 m。

③ 辅助孔:按装药系数 0.6 计算,单孔装药量 $Q_1 = 1.2$ kg,装药 6 卷,填塞 0.8 m。

设计参数汇总如表 6.5 所示:

表 6.5　爆破参数

名称	炮孔编号	孔深/m	孔数	单孔药量/kg（卷数）	总装药量/kg	爆破顺序	装药结构
掏槽孔	1～6	2.3	6	1.6	9.6	Ⅰ（1 段雷管）	连续柱状
辅助孔①	7～18	2.0	12	1.2	14.4	Ⅱ（3 段雷管）	连续柱状
辅助孔②	19～21	2.0	3	1.2	3.6	Ⅲ（5 段雷管）	连续柱状
辅助孔③	21～26	2.0	5	1.2	6.0	Ⅳ（6 段雷管）	连续柱状
边墙孔	27～34	2.0	8	1.0	6.0	Ⅴ（7 段雷管）	间隔装药
拱顶孔	35～43	2.0	9	1.0	8.4	Ⅵ（8 段雷管）	间隔装药
底板孔	44～50	2.2	7	1.4	12.6	Ⅶ（9 段雷管）	连续柱状
合计			50		60.4		

注：在实际施工中根据爆破效果和周围环境对以上相关参数进行调整。

5）设计校核

（1）孔数计算：$S=16.28 \ \mathrm{m}^2$，取 $f=12(14)$，

$$N=3.3\sqrt[3]{fS^2}$$

得 $N=49(51)$，实际布孔 50，计算值与实际布孔数基本符合。

（2）单耗计算：

$$q=1.1k_0\sqrt{f/S}$$

以 $k_0=525/260=2.01$，$f=12(14)$，$S=16.28 \ \mathrm{m}^2$ 代入，得 $q=1.89(2.13) \ \mathrm{kg/m}^3$。爆破开挖体积 $V=S \cdot L \cdot \eta=29.3 \ \mathrm{m}^3$，总药量 $Q=60.4 \ \mathrm{kg}$，实际单耗为 $2.06 \ \mathrm{kg/m}^3$。选择的单耗是合适的。

6）装药结构

（1）掏槽孔、辅助孔、底孔均采用连续装药结构。

（2）光爆孔采用间隔装药结构，将药卷与导爆索绑在一起，再绑在竹片上，形成药串，就位后用纸团封盖药柱，然后用沙、岩粉填塞捣实。炮孔连续装药结构示意图、炮孔间隔装药结构示意图如图 6.15、图 6.16 所示。

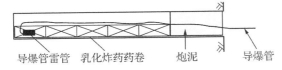

导爆管雷管　乳化炸药药卷　炮泥　导爆管

图 6.15　炮孔连续装药结构示意图

乳化炸药药卷 导爆索 竹片 导爆管雷管 炮泥 导爆管

图 6.16 炮孔间隔装药结构示意图

7）起爆网路

采用导爆管起爆网路，掏槽孔、辅助孔、底板孔均采用导爆管雷管；两侧的边墙孔和拱顶孔采用导爆索入孔，外接导爆管雷管。为保证快速掘进、减少一次起爆药量以及降低爆破振动强度，采用毫秒延时起爆网路，具体起爆顺序和雷管段别见表 6.5。

8）经济指标

（1）总钻孔数 $N=50$ 个，钻孔总米数 103.2 m。合每立方岩石消耗钻孔 3.52 m。

（2）使用炸药 60.4 kg，合单位炸药消耗量为 2.06 kg/m^3。

9）安全防护设计

（1）采用毫秒或半秒延时爆破，降低单段起爆炸药量，尽可能避免或降低爆破空气冲击波的叠加，或者减少一次起爆的炸药量，降低爆破空气冲击波的强度。

（2）人员全部撤离到隧道口两侧的安全地带后，才允许起爆；爆破时，隧道口及隧道口正线上严禁人员停留，人员必须撤离到隧道口两侧的安全地带，以杜绝爆破空气冲击波伤人。

（3）设备应撤到隧道两侧的安全地带或撤到避炮硐内，避免爆破冲击波对设备造成损伤。严禁裸露爆破，炮孔均应按设计的充填长度用炮泥充填，确保充填长度和充填质量，以降低空气冲击波的强度。

（4）炮响后，若准备尽快进入爆破现场，检查爆破效果和爆后工作面安全状况，则应立即打开局扇进行通风；并须至少经过 15 分钟通风，吹散炮烟并检查确认空气合格后，才准许爆破工作人员（可由爆破安全员和爆破员各一名）进入爆破作业地点进行检查。

（5）在硐口爆破作业时，安全警戒范围为 300 m。在隧道内作业时，应根据工作面距隧道口的距离确定安全警戒范围。

6.4.3 例题三

1）编制依据

（1）《爆破安全规程》（GB 6722—2014）；

（2）《民用爆炸物品安全管理条例》（国务院令第 466 号）；

（3）其他相关法律法规及技术资料。

2）工程概况

巷道开挖断面底宽 4.0 m，直墙高为 2.5 m，顶部半圆拱。巷道断面积 $S=2.5\times4+\pi R^2/2=16.28$ m^2

3）爆破方案

根据题意，巷道围岩为石灰岩，岩石完整性好，$f=12\sim14$。采用全断面一次性开挖成型的施工方法，周边进行光面爆破。钻孔直径 $d=42$ mm，使用 2 号岩石乳化炸药，药卷直径 $d_1=35$ mm，每卷药卷长 200 mm，重 200 g，线装药密度 $q_1=1$ kg/m。

4）爆破参数设计

（1）开挖循环进尺

巷道断面积 $S=2.5\times4+\pi R^2/2=16.28$ m^2，取循环进尺 1.8 m，炮孔利用率 $\eta=0.9$，孔深 $L=2.0$ m。

（2）炮孔布置

① 掏槽方式：平行中孔直线掏槽，布中空孔 1 个，直径 89 mm，掏槽孔按距中空孔 $a=20$ cm 布置，$n=4$；掏槽位置：断面的中央偏下，并考虑辅助孔的布置较均匀。炮孔长度 2.2 m。大空孔角柱状掏槽炮孔布置如图 6.17 所示。

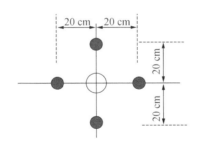

图 6.17　大空孔角柱状掏槽炮孔布置

② 周边孔：直墙部分和半圆拱部分采用光面爆破，孔距 50～53 cm，孔深 2.0 m。直墙孔：孔数 10 个（两侧各 5 个，起拱点算，底角孔不算），孔距 0.5 m。拱顶：孔数 11 个，孔距 0.52 m。底孔：孔数 7 个（含两底角孔），孔距 0.63 m，炮孔长度 2.2 m。

③ 辅助孔：在掏槽孔与周边孔之间均匀布置 2 圈辅助孔，孔排距 0.75～0.85 m，

孔数 26 个,炮孔长度 2 m。

附图:炮孔布置图如图 6.18 所示。注:掏槽孔一般设置在巷道断面中央靠近底板处,第一排辅助孔之上。

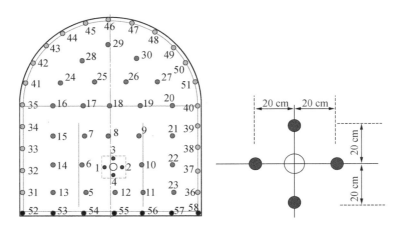

图 6.18　炮孔布置图

（3）装药量设计

① 掏槽孔:按装药系数 0.73 计算,单孔装药量 $Q_1 = 1.6$ kg,装药 8 卷,填塞 0.6 m。

② 周边孔:直墙、拱顶光爆孔线装药密度取 $q_1 = 200$ g/m,单孔装药量 $Q_1 = 0.4$ kg,间隔装药结构,用导爆索连接,填塞 0.4 m;底板孔按装药系数 0.65 计算,单孔装药量 $Q = 1.4$ kg,装药 7 卷,填塞长度 0.8 m。

③ 辅助孔:按装药系数 0.6 计算,单孔装药量 $Q_1 = 1.2$ kg,装药 6 卷,填塞 0.8 m。

设计参数汇总如表 6.6 所示:

表 6.6　爆破参数

名称	炮孔编号	孔深/m	孔数	单孔药量/kg（卷数）	总装药量/kg	爆破顺序	装药结构
中空孔	—	2.2	1	—	—	—	—
掏槽孔	1～4	2.2	4	1.6	6.4	Ⅰ（1 段雷管）	连续柱状
辅助孔①	5～12	2.0	8	1.2	9.6	Ⅱ（3 段雷管）	连续柱状
辅助孔②	13～23	2.0	11	1.2	13.2	Ⅲ（5 段雷管）	连续柱状

名称	炮孔编号	孔深/m	孔数	单孔药量/kg（卷数）	总装药量/kg	爆破顺序	装药结构
辅助孔③	24～27	2.0	4	1.2	4.8	Ⅳ（6 段雷管）	连续柱状
辅助孔④	28～30	2.0	3	1.2	3.6	Ⅴ（7 段雷管）	
边墙孔	31～40	2.0	10	0.4	4.0	Ⅵ（8 段雷管）	间隔装药
拱顶孔	41～51	2.0	11	0.4	4.4	Ⅶ（9 段雷管）	间隔装药
底板孔	52～58	2.2	7	1.4	9.8	Ⅷ（9 段雷管）	连续柱状
合计			59		55.8		

注：在实际施工中根据爆破效果和周围环境对以上相关参数进行调整。

5）设计校核

（1）孔数计算：$S=16.28 \text{ m}^2$，取 $f=12(14)$，

$$N=3.3\sqrt[3]{fS^2}$$

得 $N=49(51)$，实际布孔 59，计算值与实际布孔数基本符合.

（2）单耗计算：

$$q=1.1k_0\sqrt{f/S}$$

以 $k_0=525/260=2.01$，$f=12(14)$，$S=16.28 \text{ m}^2$ 代入，得 $q=1.89(2.13) \text{ kg/m}^3$。爆破开挖体积 $V=S \cdot L \cdot \eta=29.3 \text{ m}^3$，总药量 $Q=55.8 \text{ kg}$，实际单耗为 1.90 kg/m^3。选择的单耗是合适的。

6）装药结构

（1）掏槽孔、辅助孔、底孔均采用连续装药结构。

（2）光爆孔采用间隔装药结构，将药卷与导爆索绑在一起，再绑在竹片上，形成药串，就位后用纸团封盖药柱，然后用沙、岩粉填塞捣实。炮孔连续装药结构示意图、炮孔间隔装药结构示意图如图 6.19、图 6.20 所示。

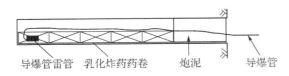

导爆管雷管　乳化炸药药卷　　炮泥　　导爆管

图 6.19　炮孔连续装药结构示意图

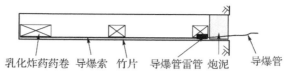

乳化炸药药卷 导爆索 竹片 导爆管雷管 炮泥 导爆管

图 6.20　炮孔间隔装药结构示意图

7）起爆网路

采用导爆管起爆网路，掏槽孔、辅助孔、底板孔均采用导爆管雷管；两侧的边墙孔和拱顶孔采用导爆索入孔，外接导爆管雷管。为保证快速掘进、减少一次起爆药量以及降低爆破振动强度，采用毫秒延时起爆网路，具体起爆顺序和雷管段别见表6.6。

8）经济指标

（1）总钻孔数 $N=59$ 个，钻孔总米数 120.4 m。合每立方岩石消耗钻孔4.11 m。

（2）使用炸药 55.8 kg，合单位炸药消耗量 1.9 kg/m³。

9）安全防护设计

（1）采用毫秒或半秒延时爆破，降低单段起爆炸药量，尽可能避免或降低爆破空气冲击波的叠加，或者减少一次起爆的炸药量，降低爆破空气冲击波的强度。

（2）人员全部撤离到隧道口两侧的安全地带后，才允许起爆；爆破时，隧道口及隧道口正线上严禁人员停留，人员必须撤离到隧道口两侧的安全地带，以杜绝爆破空气冲击波伤人。

（3）设备应撤到隧道两侧的安全地带或撤到避炮硐内，避免爆破冲击波对设备造成损伤。严禁裸露爆破，炮孔均应按设计的充填长度用炮泥充填，确保充填长度和充填质量，以降低空气冲击波的强度。

（4）炮响后，若准备尽快进入爆破现场，检查爆破效果和爆破后工作面安全状况，则应立即打开局扇进行通风；并须至少经过 15 分钟通风，吹散炮烟并检查确认空气合格后，才准许爆破工作人员（可由爆破安全员和爆破员各一名）进入爆破作业地点进行检查。

（5）在硐口爆破作业时，安全警戒范围为 300 m。在隧道内作业时，应根据工作面距隧道口的距离确定安全警戒范围。

第7章
桥台（桥墩）基坑爆破开挖设计

7.1 导论

7.1.1 桥台（墩台）的概念

桥台（墩台）是桥墩和桥台的合称，是支承桥梁上部结构的建筑物。桥台位于桥梁两端，并与路堤相接，兼有挡土作用；桥墩位于两桥台之间。桥梁墩台和桥梁基础统称为桥梁下部结构。桥台结构图如图7.1所示。

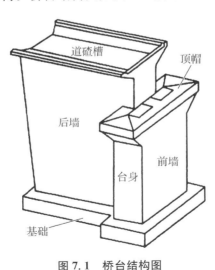

图7.1 桥台结构图

7.1.2 桥台（墩台）基坑爆破的特点

桥台、桥墩地基开挖面积较小，一般采用单自由面掏槽爆破方法施工。开挖面积较小，深度较大，不宜采用深孔台阶爆破，应注意边界的控制。单自由面应注重掏槽方式。

7.2 桥台（桥墩）基坑爆破开挖设计流程

7.2.1 爆破方案

桥台尺寸为（_____ m）×（_____ m）×（_____ m），采用立井浅孔爆破施工方法，掏槽方式选用大空孔角柱状掏槽，为保证开挖轮廓面的平整，采用光面爆破；为使掏槽孔达到更佳效果，中心空孔要比其他掏槽孔深 0.5 m，装少量炸药，周边孔起爆后，再起爆空孔底部炸药，将槽内岩碴送出槽外以减少槽内压碴影响爆破效果。

7.2.2 爆破参数设计

1）开挖循环进尺

结合类似工程经验，钻孔深度为（2 m），循环进尺取（1.7 m），炮孔利用率 $\eta=0.85$。

2）炮孔布置

（1）钻孔直径：掏槽孔中间空孔 $d=70$ mm，其他孔孔径均为（36～42 mm）。

（2）掏槽孔：采用大空孔角柱状掏槽，孔距 $L_1=$（1.5D m），$L_2=$（2.5D m），孔数为（_____）个，中间空孔长度为（2.7 m），其余炮孔长度为（2.2 m）。具体布置结构如图 7.2 所示。

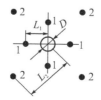

图 7.2 大空孔角柱状掏槽炮孔布置

采用楔形掏槽,布 3 组掏槽孔,掏槽角取 $\alpha=(65°/60°)$,掏槽孔长度 $L_1=L/\sin\alpha+0.2=($ _____ m),槽口宽 $L_2=2L_1\times\cos\alpha+0.2=($ _____ m),掏槽孔排距 $L_3=(0.4/0.3\text{ m})$,具体布置结构如图 7.3 所示。

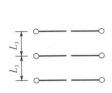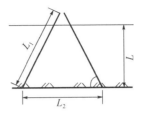

图 7.3　楔形掏槽孔炮孔布置

（3）光爆孔:孔距一般取 0.4～0.8 m。本工程孔距取(_____ m),抵抗线（光爆层厚度）$W=(15\sim20)d=($ _____ m),孔数(_____)个;炮孔长度(2 m)。

（4）辅助孔:采用垂直孔布置,根据类似工程经验,孔距一般取 0.5～1.0 m,排距一般取 0.65～0.8 m,本工程取孔距(_____ m)、排距(_____ m),炮孔数目为(_____)个,炮孔长度为(2 m)。

炮孔布置图见图 7.4。

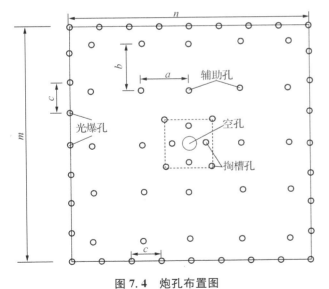

按比例画出桥台断面图
掏槽大样图布置掏槽孔—楔形掏槽
布置光爆孔—(_____)个
布置辅助孔—(_____)个

图 7.4　炮孔布置图

设计单耗 $q=1.2\text{ kg/m}^3$,每一循环爆破方量为 $V=($ _____ m³),总药量为 $Q=q\times V=($ _____ kg)。光爆孔按线装药密度 $q_1=250\text{ g/m}$ 计算,填塞长度 $l=$

$(20\sim30)d=(\underline{\qquad}\text{m}^3)$，每孔装药量为 $Q_光=(\underline{\qquad}\text{g})$，辅助孔与掏槽孔共计装药量为$(\underline{\qquad}\text{kg})$，按掏槽孔装药量为辅助孔的 1.3 倍计算，辅助孔每孔装药量为$(\underline{\qquad}\text{kg})$，掏槽孔每孔装药量为$(\underline{\qquad}\text{kg})$。

采用二号岩石乳化炸药，$\phi32$ mm 药卷，长 200 mm，每节重 200 g。实取装药量和填塞长度为：辅助孔$(\underline{\qquad}\text{kg})$/孔，共计$(\underline{\qquad})$孔，填塞长度$(\underline{\qquad}\text{m})$；掏槽孔$(\underline{\qquad}\text{kg})$/孔，共计$(\underline{\qquad})$孔，填塞长度$(\underline{\qquad}\text{m})$。设计参数汇总如表 7.1 所示。

表 7.1　爆破参数

名称	炮孔编号	孔深/m	孔数	单孔药量/kg（卷数）	总装药量/kg	爆破顺序	装药结构
中空孔	—			—	—	—	—
掏槽孔						Ⅰ（1 段雷管）	连续柱状
辅助孔①							连续柱状
_____							连续柱状
光爆孔							间隔装药
合计							

注：在实际施工中根据爆破效果和周围环境对以上相关参数进行调整。

7.2.3　装药结构

1）掏槽孔、辅助孔均采用连续装药结构。

2）光爆孔采用间隔装药结构，将药卷与导爆索绑在一起，再绑在竹片上，形成药串，就位后用纸团封盖药柱，然后用沙、岩粉填塞捣实。炮孔连续装药结构示意图、炮孔间隔装药结构示意图如图 7.5、图 7.6 所示。

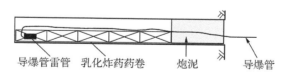

导爆管雷管　乳化炸药药卷　炮泥　导爆管

图 7.5　炮孔连续装药结构示意图

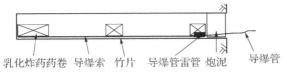

乳化炸药药卷　导爆索　竹片　导爆管雷管　炮泥　导爆管

图 7.6　炮孔间隔装药结构示意图

7.2.4　起爆网路

采用导爆管孔外延时接力起爆网路,孔内装即发雷管各排依次顺序起爆。网路各段延期间隔时间 25 ms,排间间隔 110 ms,起爆网路由中间掏槽孔向外起爆,最后是光面爆破孔。孔外导爆管用连接四通自远而近顺序连接,网路布置见图 7.7。

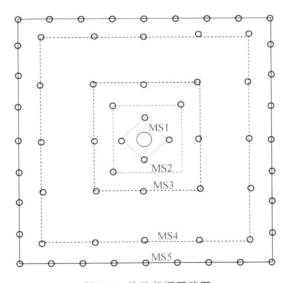

MS1
MS2
MS3
MS4
MS5

图 7.7　炮孔起爆网路图

7.2.5　安全防护设计

1）爆破振动的控制与防护

（1）爆破振动

$$V = K\left(\frac{\sqrt[3]{Q}}{R}\right)^{\alpha}、\quad Q_{\max} = R^3\left(\frac{[V]}{K}\right)^{3/\alpha}、\quad R = \left(\frac{K}{V}\right)^{1/\alpha}Q^{1/3}$$

以 Q=(_____kg),R=(_____m),K=(150),α=(1.5)代入上式计算,得到 V=(_____cm/s),根据《爆破安全规程》(GB 6722—2014)规定,(_____)

爆破($f=$＿＿＿＿＿＿＿＿Hz)一般民用建筑允许的爆破振动速度 $V=$(＿＿＿＿＿＿＿＿cm/s)。

或者:根据上述公式,按国标规定,(＿＿＿＿＿＿＿＿)安全允许振动速度 $[V]=$(＿＿＿＿＿＿＿＿cm/s),(＿＿＿＿＿＿＿＿)$[V]=$(＿＿＿＿＿＿＿＿cm/s),以 $K=$(150)、$\alpha=$(1.5)、$R=$(＿＿＿＿＿＿＿＿m)和(＿＿＿＿＿＿＿＿m)及上述数值分别代入,得 $Q_{max}=$(＿＿＿＿＿＿＿＿kg)。爆破时只要单响药量不超过(＿＿＿＿＿＿＿＿kg)(合预裂孔),爆破振动对周围建筑物就没有危害。

又或:根据上述公式,按国标规定,(＿＿＿＿＿＿＿＿)安全允许振动速度 $[V]=$(＿＿＿＿＿＿＿＿cm/s),以 $K=$(150)、$\alpha=$(1.5)及上述数值分别代入,计算距办公楼不同距离时的最大段发装药量 Q_{max},如表 7.2 所示。

表 7.2　最大段发装药量 Q_{max}

R/m	10	20	30	50	80	100	150
Q_{max}/kg							

注:浅孔爆破 50～100 Hz:土窑土坯房＝1.1～1.5 cm/s;砖房＝2.7～3.0 cm/s;钢筋混凝土＝4.2～5.0 cm/s;建筑物古迹＝0.3～0.5 cm/s;水工隧道＝7～15 cm/s;交通隧道＝10～20 cm/s;矿山巷道＝15～30 cm/s;发电站及发电中心＝0.5 cm/s。

（2）爆破安全距离

$$R_F = 20K_F n^2 W_1$$

以 $W_1=$(＿＿＿＿＿＿＿＿kg),$K_F=$(1.5),$n=$(0.8)代入上式计算,得到 $R_F=$(＿＿＿＿＿＿＿＿m)。

（3）冲击波安全允许距离

$$R_k = 25 \sqrt[3]{Q}$$

R_k 为空气冲击波对掩体内避炮作业人员的安全允许距离,cm;Q 为最大段药量,kg。

（4）安全防护措施

在(＿＿＿＿＿＿＿＿)与爆区之间开挖减震沟。对(＿＿＿＿＿＿＿＿)采取加固措施。

爆破产生的飞石及滚落的石块会对被保护的建筑设施造成破坏。为保护飞石不对建筑物产生危害,可采取的具体措施如下:

严格按照设计施工,保证填塞长度和填塞质量。

临近被保护物的爆区,对爆区表面进行覆盖。先压一层沙土袋,盖一层竹排,再压一层沙土袋,罩一层尼龙网,最后再压一层沙土袋。形成三层沙土袋,一层竹排,一层尼龙网,以保证爆区无飞石。

对爆区被保护物,在其朝向爆区的方向上搭上排架,使排架高度超过被保护物高度,以保证能有效阻挡个别飞石损坏文物。

2)爆破警戒范围

根据《爆破安全规程》(GB 6722—2014)规定,浅孔爆破在未形成台阶面时,个别飞散物的安全距离取 300 m。

7.3 本讲例题

京福铁路客专闽赣I标三清山大桥道基及桥台总长 723.73 m,开挖总工程量道基 132 452.5 m³,桥台基坑尺寸为 4 m×4 m×10 m,开挖方量 160 m³,共 23 个基坑。

7.4 参考答案

1)爆破方案

桥台尺寸为 4 m×4 m×10 m,采用立井浅孔爆破施工方法,掏槽方式选用小直径中空直孔掏槽,为保证开挖轮廓面的平整,采用光面爆破。为使掏槽孔达到更佳效果,中心空孔要比其他掏槽孔深 0.5 m,装少量炸药;周边孔起爆后,再起爆空孔底部炸药,将槽内岩碴送出槽外以减少槽内压碴,避免影响爆破效果。

2)爆破参数设计

(1)开挖循环进尺

结合类似工程经验,钻孔深度为 2 m,循环进尺取 1.7 m,炮孔利用率 $\eta=0.85$。

(2)炮孔布置

① 钻孔直径:掏槽孔中间空孔 $d=70$ mm,其他孔孔径均为 42 mm。

② 掏槽孔:采用大空孔角柱状掏槽,孔距 $L_1=0.1$ m,$L_2=0.18$ m,孔数为 9 个,中间空孔长度为 2.7 m,其余炮孔长度为 2.2 m。具体布置结构如图 7.8 所示。

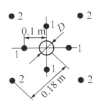

图 7.8 大空孔角柱状掏槽炮孔布置

③ 光爆孔:孔距一般取 0.4～0.8 m。本工程孔距取(0.5 m),抵抗线(光爆层厚度)W=(15～20)d=(0.8 m),孔数(28)个,炮孔长度为 2 m。

④ 辅助孔:采用垂直孔布置,根据类似工程经验,孔距一般取 0.5～1.0 m,排距一般取 0.65～0.8 m,本工程取孔距(0.8 m)、排距(0.8 m),炮孔数目为(24)个,炮孔长度为 2 m。

炮孔布置图见图 7.9。

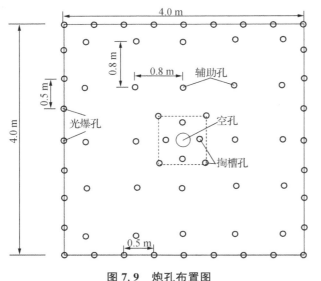

按比例画出桥台断面图
掏槽大样图布置掏槽孔—楔形掏槽
布置光爆孔—(28)个
布置辅助孔—(24)个

图 7.9　炮孔布置图

设计单耗 q=1.2 kg/m³,每一循环爆破方量为 V=(32.64 m³),总药量为 Q=$q×V$=(39 kg)。光爆孔按线装药密度 q_1=250 g/m 计算,填塞长度 l=(20～30)d=(1.0 m³),每孔装药量为 $Q_光$=(500 g),辅助孔与掏槽孔共计装药量为(18.64 kg)。按掏槽孔装药量为辅助孔的 1.3 倍计算,辅助孔每孔装药量为(0.54 kg),掏槽孔每孔装药量为(0.72 kg)。

采用二号岩石乳化炸药,φ32 mm 药卷,长 200 mm,每节重 200 g。实取装药量和填塞长度为:辅助孔(0.54 kg)/孔,共计(24)孔,填塞长度(0.6 m);掏槽孔(0.8 kg)/孔,共计(28)孔,填塞长度(0.6 m)。设计参数汇总如表 7.3所示。

表 7.3 爆破参数

名称	炮孔编号	孔深/m	孔数	单孔药量/kg（卷数）	总装药量/kg	爆破顺序	装药结构
中空孔	—	2.7	1	—	—	—	—
掏槽孔	118	2.2	8	0.72	5.76	Ⅰ（1段雷管）	连续柱状
辅助孔①	9.33	2.0	24	0.54	12.96	Ⅱ（5段雷管）	连续柱状
光爆孔	34.62	2.0	28	0.5	14.0	Ⅲ（6段雷管）	间隔装药
合计			61		32.64		

注：在实际施工中根据爆破效果和周围环境对以上相关参数进行调整。

3）装药结构

（1）掏槽孔、辅助孔均采用连续装药结构。

（2）光爆孔采用间隔装药结构，将药卷与导爆索绑在一起，再绑在竹片上，形成药串，就位后用纸团封盖药柱，然后用沙、岩粉填塞捣实。炮孔连续装药结构示意图、炮孔间隔装药结构示意图如图 7.10、图 7.11 所示。

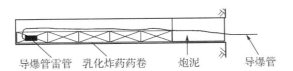

图 7.10 炮孔连续装药结构示意图

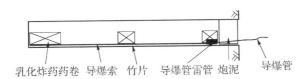

图 7.11 炮孔间隔装药结构示意图

4）起爆网路

采用导爆管孔外延时接力起爆网路，孔内装即发雷管各排依次顺序起爆。网路各段延期间隔时间 25 ms，排间间隔 110 ms，起爆网路由中间掏槽孔向外起爆，最后是光面爆破孔。孔外导爆管用连接四通按自远而近顺序连接，网路布置见图 7.12。

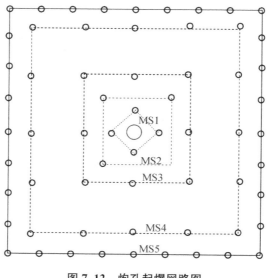

图 7.12　炮孔起爆网路图

5）安全防护设计

（1）爆破振动的控制与防护

① 爆破振动

$$V=K\left(\frac{\sqrt[3]{Q}}{R}\right)^{\alpha}$$

以 $Q=(\underline{\ 32.64\ }\ \text{kg})$，$R=(\underline{\ 200\ }\ \text{m})$，$K=(150)$，$\alpha=(1.5)$ 代入上式计算，得到 $V=(\underline{\ 0.6\ }\ \text{cm/s})$，根据《爆破安全规程》（GB 6722—2014）规定，浅孔爆破（$f=50\sim100$ Hz）一般民用建筑允许的爆破振动速度 $V=(\underline{\ 2.5\ }\ \text{cm/s})$。

注：浅孔爆破 $50\sim100$ Hz：土窑土坯房 $=1.1\sim1.5$ cm/s；砖房 $=2.7\sim3.0$ cm/s；钢筋混凝土 $=4.2\sim5.0$ cm/s；建筑物古迹 $=0.3\sim0.5$ cm/s；水工隧道 $=7\sim15$ cm/s；交通隧道 $=10\sim20$ cm/s；矿山巷道 $=15\sim30$ cm/s；发电站及发电中心 $=0.5$ cm/s。

② 爆破安全距离

$$R_{\text{F}}=20K_{\text{F}}n^{2}W_{1}$$

以 $W_{1}=(\underline{\ 0.6\ }\ \text{m})$，$K_{\text{F}}=(1.5)$，$n=(0.8)$ 代入上式计算，得到 $R_{\text{F}}=(\underline{\ 2.4\ }\ \text{m})$。

③ 冲击波安全允许距离

$$R_{\text{k}}=25\sqrt[3]{Q}$$

R_{k} 为空气冲击波对掩体内避炮作业人员的安全允许距离，cm；Q 为最大段药量，kg。

④ 安全防护措施

在(被保护物)与爆区之间开挖减震沟。对(被保护物)采取加固措施。

爆破产生的飞石及滚落的石块会对被保护的建筑设施造成破坏。为保护飞石不对建筑物产生危害，可采取的具体措施如下：

严格按照设计施工，保证填塞长度和填塞质量。

临近被保护物的爆区，对爆区表面进行覆盖。先压一层沙土袋，盖一层竹排，再压一层沙土袋，罩一层尼龙网，最后再压一层沙土袋。形成三层沙土袋，一层竹排，一层尼龙网，以保证爆区无飞石。

对爆区被保护物，在其朝向爆区的方向上搭上排架，使排架高度超过被保护物高度，以保证能有效阻挡个别飞石损坏文物。

（2）爆破警戒范围

根据《爆破安全规程》(GB 6722—2014)规定，浅孔爆破在未形成台阶面时个别飞散物安全距离取 300 m。

第8章
露天采矿爆破设计

8.1 导论

8.1.1 露天采矿概念

露天采矿是一个移走矿体上的覆盖物,得到所需矿物的过程。露天采矿又可分为露天金属矿床开采、露天煤矿开采和露天铁矿开采。露天金属矿床开采的主要开采对象为有色金属,露天煤矿开采的主要开采对象为煤和一些非金属矿,露天铁矿开采的主要开采对象为铁矿。

8.1.2 露天采矿方法

5种常用爆破方法:

1) 浅孔爆破

浅孔爆破采用的炮孔直径较小,一般为 30～75 mm。炮孔深度一般在 5 m 以下,有时可达 8 m 左右,如用凿岩台车钻孔,孔深还可增加。

适用情况:浅孔爆破主要用于生产规模不大的露天矿或采石场、硐石、隧道掘凿、二次爆碎、新建露天矿山包处理、山坡露天单壁沟运输通路的形成及其他一些特殊爆破。

2) 深孔爆破

深孔爆破就是用钻孔设备钻凿较深的钻孔,并将其作为矿用炸药的装药空间的爆破方法。露天矿的深孔爆破主要以台阶的生产爆破为主。深孔爆破是露天矿应用广泛的一种爆破方法。炮孔的深度一般为 15～20 m,孔径为 75～310 mm,常用的孔径为 200～250 mm。

适用情况：深孔爆破广泛用于大型矿山的开沟、剥离、采矿等生产环节。其爆破量约占大型矿山总爆破量的 90% 以上。

3）硐室爆破

硐室爆破是将炸药放置在预先凿好的硐室中，集中装药。其每次起爆的炸药数量没有规定，有的装几十吨、几百吨或上千吨。由于一次爆破量较大，所以硐室爆破又称大爆破。

适用情况：露天矿仅在基本建设时期和在特定条件下使用，采石场在有条件且在采矿需求量很大时采用。

4）多排孔微差爆破法

近年来，随着挖掘机斗容量和露天矿生产能力的急剧增加，要求露天矿的正常采掘爆破的每次爆破量也越来越多，因此，必须采用一次爆破量较大的爆破方法，才能适应新型挖掘机械的需要。目前，我国一次爆破量较大的爆破方法是采用多排孔微差爆破和多排孔微差挤压爆破方法，这两种方法能一次爆破 5～10 排炮孔，爆破矿岩量可达 30 万～50 万 t。

5）多排孔微差挤压爆破法

多排孔微差挤压爆破法是指工作面残留有爆堆情况下的多排孔微差爆破。碴堆的存在为挤压创造了条件：一方面，能延长爆破的有效作用时间，改善炸药能的利用和破碎效果；另一方面，能控制爆堆宽度，避免矿岩飞散。多排孔微差挤压爆破微差间隔时间比普通微差爆破微差间隔时间大 30%～50% 为宜，我国露天矿常常用 50～100 ms。

8.2　露天采矿爆破设计流程

8.2.1　爆破方案

按工程条件及爆破环境确定（＿＿＿＿＿）。采用深孔台阶爆破，台阶高度（＿＿＿＿＿m），炮孔直径（＿＿＿＿＿mm），（垂直/倾斜）打孔，（＿＿＿＿＿）炸药连续（不）耦合装药，导爆管雷管起爆，为控制爆破振动、飞石的影响，采用逐孔起爆。

8.2.2 主爆区参数设计

1）钻孔方向：（垂直/倾斜）钻孔；

2）孔径 $d=$（_____ mm），台阶高度 $H=$（_____ m）；

3）底盘抵抗线 W_1：$W_1=(25\sim45)d$，取 $W_1=$（_____ m）；

4）炮孔间距 a：$a=(1.2\sim1.5)W_1$，取 $a=$（_____ m）；

5）炮孔排距 b：矩形 $b=(0.6\sim1.0)W_1$，取 $b=$（_____ m）；

6）超深 h：$h=(8\sim12)d$，取 $h=$（_____ m）；

7）炮孔深度 L：垂直 $L=H+h$，$L=$（_____ m）；

8）填塞长度 l：$l=(20\sim30)d$，取 $l=$（_____ m）；

9）炸药单耗 q：根据经验/岩石坚固性系数 f，取 $q=(0.35\sim0.45\ \text{kg/m}^3)$；

10）单孔装药量 Q：第一排 $Q=qaW_1H=$（_____ kg），取 $Q=$（_____ kg）/后排 $Q=kqabH=$（_____ kg），取 $Q=$（_____ kg）；

11）装药结构：多孔粒状铵油炸药连续装药（药卷密度 $0.8\sim0.9\ \text{g/cm}^3$），药卷直径（_____ mm），延米装药量（_____ kg/m）。

按总药量（_____ kg）计算，每次需爆破（_____）个炮孔。

12）按每次爆破（_____）个炮孔、孔深（_____ m）、废孔率 10% 计算，每次爆破需钻孔合计（_____ m）。按选用潜孔钻机钻进效率为 30 m/(台·班) 计算，需 16 个台班。按每周期钻孔 4 天 8 个台班计算，需钻机 2 台。

13）本石灰石矿年产（_____）万方，属中型矿山（$100\sim30\times104$ t/a），可配斗容 1.6 m^3 的挖掘机。按反铲每小时循环 135 次、充满系数 0.8、松散系数 1.5 计算，其生产效率为每小时（_____ m^3）（紧方）。按每天作业 6 小时计。日产量为（_____ m^3）（紧方）。每周期中出渣按 4 天计算，每天出渣（_____ m^3），可选用 2 台挖掘机。选用 10 m^3 自卸车，每天运输 15 次，需要自卸车 10 台。

8.2.3 起爆网路设计

每个爆区包括（_____）个炮孔，分 3 排，每排 14 个炮孔，逐孔减少 1 个，采用孔内、外毫秒微差斜线起爆。采用高精度导爆管雷管起爆。孔内采用 400 ms 延期的导爆管雷管。孔外相邻孔之间统一使用 25 ms 延期雷管连接,连接方法如图 8.1 所示。

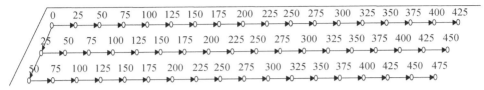

图 8.1 起爆网路图

8.2.4 安全防护设计

1) 爆破振动

$$V=K\left(\frac{\sqrt[3]{Q}}{R}\right)^{\alpha}、\quad Q_{max}=R^3\left(\frac{V}{K}\right)^{3/\alpha}、\quad R=\left(\frac{K}{V}\right)^{1/\alpha}Q^{1/3}$$

以 $Q=$(_____ kg),$R=$(_____ m),$K=$(150),$\alpha=$(1.5)代入上式计算,得到 $V=$(_____ cm/s),根据《爆破安全规程》(GB 6722—2014)规定,(_____)爆破($f=$_____ Hz)一般民用建筑允许的爆破振动速度 $V=$(_____ cm/s)。

或者:根据上述公式,按国标规定,(_____)安全允许振动速度 $[V]=$(_____ cm/s),(_____) $[V]=$(_____ cm/s),以 $K=$(150)、$\alpha=$(1.5)、$R=$(_____ m)和(_____ m)及上述数值分别代入,得 $Q_{max}=$(_____ kg)。爆破时只要单响药量不超过(_____ kg)(合预裂孔),爆破振动对周围建筑物就没有危害。

又或:根据上述公式,按国标规定,(_____)安全允许振动速度 $[V]=$(_____ cm/s),以 $K=$(150)、$\alpha=$(1.5)及上述数值分别代入,计算距办公楼不同距离时的最大段发装药量 Q_{max},如表 8.1 所示。

表 8.1 最大段发装药量 Q_{max}

R/m	10	20	30	50	80	100	150
Q_{max}/kg							

注:深孔爆破 10～50 Hz:土窑土坯房=0.7～1.2 cm/s;砖房=2.3～2.8 cm/s;钢筋混凝土=3.5～4.5 cm/s;建筑物古迹=0.2～0.4 cm/s;水工隧道=7～15 cm/s;交通隧道=10～20 cm/s;矿山巷道=15～30 cm/s;发电站及发电中心=0.5 cm/s。

2）爆破安全距离

$$R_F = 20K_F n^2 W_1$$

以 $W_1 = ($ _____ kg$)$，$K_F = (1.5)$，$n = (0.8)$ 代入上式计算，得到 $R_F = ($ _____ m$)$。

3）冲击波安全允许距离

$$R_k = 25\sqrt[3]{Q}$$

R_k 为空气冲击波对掩体内避炮作业人员的安全允许距离，cm；Q 为最大段药量，kg。

4）安全防护措施

在（_____）与爆区之间开挖减震沟。对（_____）采取加固措施。

爆破产生的飞石及滚落的石块会对被保护的建筑设施造成破坏。为保护飞石不对建筑物产生危害，可采取的具体措施如下：

严格按照设计施工，保证填塞长度和填塞质量。

临近被保护物的爆区，对爆区表面进行覆盖。先压一层沙土袋，盖一层竹排，再压一层沙土袋，罩一层尼龙网，最后再压一层沙土袋。形成三层沙土袋，一层竹排，一层尼龙网，以保证爆区无飞石。

对爆区被保护物，在其朝向爆区的方向上搭上排架，使排架高度超过被保护物高度，以保证能有效阻挡个别飞石损坏文物。

8.3 本讲例题

石场生产规模为 30 万 m³/a 石料，有效工作时间为 300 天，平均每工作日生产 1 000 m³ 石料。按 7 天为一个周期，包括：钻孔、爆破、出渣，每次爆破量满足 5～10 昼夜铲装要求，取 7.5 天，则每次爆破不小于 7 500 m³ 石料。按松散系数 1.5 计算，每次爆破石方（紧方）为 5 000 m³。按单耗 0.4 kg/m³ 计算，每次爆破总药量为 2 000 kg。

8.4 参考答案

1) 爆破方案

按工程条件及爆破环境确定。采用深孔台阶爆破,台阶高度(10 m),炮孔直径(100 mm),(垂直)打孔,(多孔粒状铵油)炸药连续(不)耦合装药,导爆管雷管起爆,为控制爆破振动、飞石的影响,采用逐孔起爆。

2) 主爆区参数设计

(1) 钻孔方向:(垂直/倾斜)钻孔;

(2) 孔径 $d=$(100 mm),台阶高度 $H=$(10 m);

(3) 底盘抵抗线 W_1:$W_1=(25\sim45)d$,取 $W_1=$(3 m);

(4) 炮孔间距 a:$a=(1.2\sim1.5)W_1$,取 $a=$(4 m);

(5) 炮孔排距 b:矩形 $b=(0.6\sim1.0)W_1$,取 $b=$(3 m);

(6) 超深 h:$h=(8\sim12)d$,取 $h=$(1 m);

(7) 炮孔深度 L:垂直 $L=H+h$,$L=$(11 m);

(8) 填塞长度 l:$l=(20\sim30)d$,取 $l=$(4 m);

(9) 炸药单耗 q:根据经验/岩石坚固性系数 f,取 $q=$($0.35\sim0.45$ kg/m³);

(10) 单孔装药量 Q:第一排 $Q=qaW_1H=$(48 kg),取 $Q=$(48 kg)/后排 $Q=kqabH=$(52.1 kg),取 $Q=$(52 kg);

(11) 装药结构:多孔粒状铵油炸药连续装药(药卷密度 $0.8\sim0.9$ g/cm³),药卷直径(100 mm),延米装药量(6.75 kg/m)。

按总药量 2 000 kg 计算,每次需爆破 38 孔。

(12) 按每次爆破 38 个炮孔、孔深 11 m、废孔率 10% 计算,每次爆破需钻孔合计 465 m。按选用潜孔钻机钻进效率为 30 m/(台·班)计算,需 16 个台班。按每周期钻孔 4 天 8 个台班计算,需钻机 2 台。

(13) 本石灰石矿年产 30 万方,属中型矿山($100\sim30\times104$ t/a),可配斗容 1.6 m³ 的挖掘机。按反铲每小时循环 135 次、充满系数 0.8、松散系数 1.5 计算,其生产效率为 115.2 m³/h(紧方)。按每天作业 6 小时计,日产量为 691.2 m³(紧方）。每周期中出渣按 4 天计算，每天出渣 1 250 m³，可选用 2 台挖掘机。选用 10 m³ 自卸车，每天运输 15 次，需要自卸车 10 台。

3）起爆网路设计

每个爆区包括 39 个炮孔，分 3 排，每排 14 个炮孔，逐孔减少 1 个，采用孔内、外毫秒微差斜线起爆。采用高精度导爆管雷管起爆。孔内采用 400 ms 延期的导爆管雷管。孔外相邻孔之间统一使用 25 ms 延期雷管连接，连接方法如图 8.2 所示。

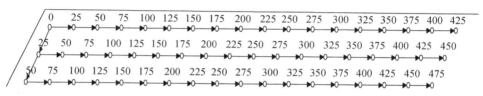

图 8.2　起爆网路图

4）安全防护设计

（1）爆破振动

$$Q_{max} = R^3 \left(\frac{[V]}{K} \right)^{3/\alpha}$$

又或：根据上述公式，按国标规定，（一般民用建筑）安全允许振动速度 $[V]$＝（2.5 cm/s），以 K＝(150)、α＝(1.5) 及上述数值分别代入，计算距办公楼不同距离时的最大段发装药量 Q_{max}，如表 8.2 所示。

表 8.2　最大段发装药量 Q_{max}

R/m	10	20	30	50	80	100	150
Q_{max}/kg	0.28	2.22	7.5	34.72	142.22	277.78	937.5

（2）爆破安全距离

$$R_F = 20 K_F n^2 W_1$$

以 W_1＝(3 m)，K_F＝(1.5)，n＝(0.1) 代入上式计算，得到 R_F＝（90 m）。

（3）冲击波安全允许距离

$$R_F = 20 K_F n^2 W_1$$

R_k 为空气冲击波对掩体内避炮作业人员的安全允许距离，cm；Q 为最大段药量，kg。

（4）安全防护措施

在（ 被保护物 ）与爆区之间开挖减震沟。对（ 被保护物 ）采取加固措施。

爆破产生的飞石及滚落的石块会对被保护的建筑设施造成破坏。为保护飞石不对建筑物产生危害,可采取的具体措施如下:

严格按照设计施工,保证填塞长度和填塞质量。

在临近被保护物的爆区,对爆区表面进行覆盖。先压一层沙土袋,盖一层竹排,再压一层沙土袋,罩一层尼龙网,最后再压一层沙土袋。形成三层沙土袋,一层竹排,一层尼龙网,以保证爆区无飞石。

对爆区被保护物,在其朝向爆区的方向上搭上排架,使排架高度超过被保护物高度,以保证能有效阻挡个别飞石损坏文物。

加强对边缘的巡查力度,及时对爆后围岩进行喷锚、围护等工作。

第9章
框架结构拆除爆破设计

9.1 导论

9.1.1 框架结构的概念

框架结构是由许多梁和柱共同组成的框架来承受房屋全部荷载的结构。高层的民用建筑和多层的工业厂房,砖墙承重已不能适应荷重较大的要求,往往采用框架作为承重结构。

9.1.2 框架结构拆除爆破的方法

建筑物爆破拆除的原理在于充分利用了建筑物的重量,它无须像人工拆除那样自上而下破坏建筑物的各个构件或全部构件,而是根据不同的拆除要求,使用爆破方法炸毁只占建筑物很少比例的部分支撑构件,使建筑物在一瞬间失去稳定或失去支撑,在"突然施加"的重力作用下倾倒、坍塌、解体、破坏。因此爆破拆除建筑物的实质是重力拆除,爆破只是使建筑物失稳的手段。框架结构拆除爆破的方法如图9.1所示。

1)定向倒塌方案

定向倒塌方案要求倒塌方向的场地水平距离(建筑物边缘至场地边缘的距离)不小于建筑物高度的 2/3～3/4。爆破部位的高度要求倾倒一侧不小于最小的破坏高度,然后依次减小,形成一个三角形的切口状。

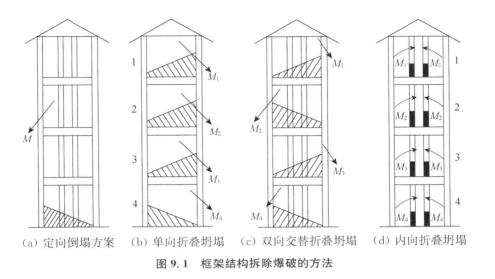

（a）定向倒塌方案　（b）单向折叠坍塌　（c）双向交替折叠坍塌　（d）内向折叠坍塌

图 9.1　框架结构拆除爆破的方法

2）单向折叠坍塌

待拆除建筑物四周场地狭窄，但某一方向的场地稍为开阔时，为减少建筑物倒塌堆积距离，可采用单向折叠坍塌方案。其基础工艺是自上而下逐层爆破一个切口，迫使每一层结构在力矩 M1，M2，M3，…，Mn 的作用下，朝着一个方向连续折叠坍塌。这种方案要求每一层都要布置炮孔进行爆破，因此，钻孔工作量会大很多。

单向折叠坍塌方案要求坍塌方向场地的水平距离接近或等于高度的 2/3（钢筋混凝土框架结构不小于高度的 1/2，砖结构不小于高度的 2/3）。

3）双向交替折叠坍塌

楼房四周任一方向地面水平距离都小于高度的 2/3。

双向交替折叠坍塌方案要求从上至下每一层都布置炮孔。顺序爆破成一个切口，缺口的高度 h 自下层至上层可从 1.5 倍墙的厚度递增致 3.5 倍墙的厚度。对于定向倒塌，爆破缺口高度 h 不宜小于两倍承重墙的厚度，$h \geqslant 2\delta$。对于单向折叠坍塌，缺口高度 h 自下层至上层不宜小于两倍承重墙的厚度，$h \geqslant 2\delta$。下层在每一层的倾覆力矩 $M_1, M_2, M_3, \cdots, M_n$ 的作用下，朝相反方向坍塌。起爆顺序从上至下秒延期起爆。

4）内向折叠坍塌

内向折叠坍塌是自上而下对楼房每层内承重构件（墙、柱、梁）予以充分爆破破碎，楼房在内向重力弯矩作用下从上至下向内坍塌。起爆顺序是：自上而下采用秒延期起爆。

要求场地四周空地具备 1/3～1/2 的楼房高度即可,可拆除较高层的建筑物。对于钢筋混凝土框架结构,拆除会比较彻底。

9.2　框架结构拆除爆破设计

9.2.1　爆破方案

爆破前将(_____)用机械和人工拆除/切断,仅爆破(_____);根据楼房框架结构特性及周边环境特点,采用定向倒塌的方案;根据楼房尺寸:东西长(_____m),南北宽(_____m),高宽比为(_____)＞1.0,适合(_____)方向倒塌,倒塌方向水平距离(_____m)大于楼房高度 2/3,确定(_____)方向,采用三角形切口。

9.2.2　爆破参数设计

1)爆破切口参数设计

(1)缺口形状:三角形爆破缺口;

(2)缺口高度 H_i:楼房的高宽比为 $H:B=$(_____),利于定向倒塌。将楼宽 $B=$(_____m),楼的质心高度 $H_z=$(_____m),代如下式计算爆破缺口高度 H_i 为

$$H_i \geqslant \frac{H_z}{2} - \sqrt{\frac{H_z^2}{4} - \frac{B^2}{2}} = 4 \text{ m}$$

$$H_i \leqslant \frac{H_z}{2} = 16.125 \text{ m}$$

计算结果表明,爆破缺口高度 $H_i=$(_____m)～(_____m),即可实现楼房在爆破失稳后,其质心偏出西外墙以外,保证楼房倒塌倾覆。考虑外墙为剪力墙结构,(_____)轴的爆破缺口高为(_____m),即(_____)层,(_____)轴的爆破缺口高为(_____m),即(_____)层,(_____)轴布孔 3 个松动爆破成铰。此设计的倾倒角为(_____°)。

附图:倒塌方向和柱子布孔示意图如图 9.2、图 9.3 所示。

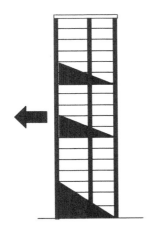

图 9.2　倒塌方向

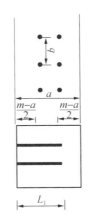

图 9.3　柱子布孔示意图

2）爆区参数设计：立柱截面为（_____m）×（_____m）

（1）最小抵抗线 W_1：$W_1 = B_1/2$，大截面（截面边长 1 m）$W_1 = 25 \sim 50$ cm，取 $W_1 = ($_____m$)$；

（2）孔距 a_1：$a_1 = (1 \sim 2)W_1$，取 $a_1 = ($_____m$)$；

（3）排距 b_1：$b_1 = (0.6 \sim 0.9)a_1 = ($_____m$)$，取 $a_1 = ($_____m$)$，多排；

（4）孔深 L_1：正方形或者圆形 $L_1 = 2/3H_1$，矩形或者矩形正方形多排 $L_1 = H_1 - W_1$，取 $L_1 = ($_____m$)$；

（5）炸药单耗 q：根据经验，一层（_____）号柱子，取 $q_1 = (0.5 \sim 1.5$ kg/m$^3)$；二层、三层…1～（_____）号柱子，取 $q_2 = (0.5 \sim 1.5$ kg/m$^3)$；最后一号柱单耗 $q_3 = (0.4$ kg/m$^3)$；

注：一层药量大一点。

（6）单孔装药量 Q：一层（_____）号柱子，$Q_1 = q_1 a_1 B_1 H_1$；二层、三层…（_____）号柱子，取 $Q_2 = q_2 a_1 B_1 H_1$；最后一号柱 $Q_3 = q_3 a_1 B_1 H_1$；

3）爆区参数设计：剪力墙（_____m）×（_____m）

（1）最小抵抗线 W_2：$W_2 = \delta/2$，取 $W_2 = ($_____m$)$；

（2）孔距 a_2：$a_2 = (1 \sim 2)W_2$，取 $a_2 = ($_____m$)$；

（3）排距 b_2：$b_2 = (0.6 \sim 0.9)a_2$，取 $b_2 = ($_____m$)$；

（4）孔深 L_2：$L_2 = 2/3\delta$，取 $L_2 = ($_____m$)$；

（5）炸药单耗 q：根据经验，取 $q = (0.5 \sim 1.5$ kg/m$^3)$；

（6）单孔装药量 Q：$Q=qa_2b_2\delta$。

注：在实际施工中根据爆破效果和周围环境对以上相关参数进行调整。

4）炮孔布置

（1）柱子：（_____）号柱（_____）层钻孔，布孔（_____）排，其中（_____）层布（_____）个孔，（_____）层布（_____）个孔，（_____）层布（_____）个孔；（_____）号柱（_____）层钻孔，布孔（_____）排，其中（_____）层布（_____）个孔，（_____）层布（_____）个孔；（_____）号柱（_____）层钻孔，布孔（_____）排，布（_____）个孔；（_____）号柱，布孔（_____）排，在（_____）层底部布孔（_____）个松动爆破成铰。

（2）剪力墙：在保证建筑物结构稳定的前提下，用机械或人工对剪力墙进行预处理。采用化墙为柱的处置方法，倒塌方向尽量处理多一些，倒塌反方向的处理相对要少一些，重点在 1～3 层、8～9 层进行。

9.2.3　预拆除

1）将切口内的电梯间和现浇楼梯逐段切断，将切口内卫生间中的间隔等事先拆除；构造柱爆破部位两侧墙体爆前应切缝，以保证构造柱的爆破效果。

2）爆前选择立柱合适的部位进行试爆，试爆位置不能影响楼房的结构稳定，试爆破时选择拆除爆破时的起爆器材进行爆破。

3）对爆破切口内的非承重墙进行预拆除；将爆破切口内的楼梯踏步板和斜梁打断，使相邻平台板间形成三节铰；在保证结构稳定的前提下用人工、机械或爆破法对爆破切口内的剪力墙进行拆除。

9.2.4　起爆网路设计

1）采用导爆管雷管进行网路连接，孔内延期，（_____）号柱孔内装 MS3（50 ms）段、（_____）号柱孔内装 MS12（550 ms）段、（_____）号柱孔内装 MS16（1 020 ms）段、（_____）号柱孔内装 MS18（1 400 ms）段，各排之间的延期时间为 500 ms、470 ms、380 ms；每 20 发左右导爆管雷管用 2 发 MS1 段导爆管雷管捆联，形成簇联网路，用 2 发 MS1 段导爆管雷管激发起爆。

2）各切口内用四通连接成网格式闭合网路。

3）三个切口之间用 MS12 段毫秒延时导爆管雷管接力起爆：下切口先爆，中切口滞后 550 ms 起爆，上切口滞后中切口 550 ms 起爆。

附图:起爆网路图如图9.4所示。

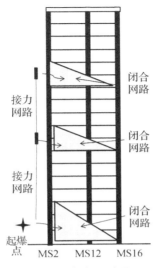

图 9.4　起爆网路图

9.2.5　安全防护设计

1) 爆破安全

(1) 爆破振动

$$V=KK'\left(\frac{\sqrt[3]{Q}}{R}\right)^{\alpha}、\quad Q_{\max}=R^3\left(\frac{[V]}{KK'}\right)^{3/\alpha}、\quad R=\left(\frac{KK'}{V}\right)^{1/\alpha}Q^{1/3}$$

以 $Q=(\underline{\qquad}\text{kg})$，$R=(\underline{\qquad}\text{m})$，$K=(100)$，$\alpha=2.0$，$K'=0.5$ 代入上式计算，得到 $V=(\underline{\qquad}\text{cm/s})$，根据《爆破安全规程》(GB 6722—2014)规定，一般民用建筑允许的爆破振动速度 $V=(3\text{ cm/s})$。

或者:根据上述公式,按国标规定,$(\underline{\qquad})$安全允许振动速度$[V]=(\underline{\qquad}\text{cm/s})$，$(\underline{\qquad})$$[V]=(\underline{\qquad}\text{cm/s})$，以 $K=(100)$、$\alpha=(2.0)$、$K'=0.5$、$R=(\underline{\qquad}\text{m})$ 和 $(\underline{\qquad}\text{m})$ 及上述数值分别代入,得 $Q_{\max}=(\underline{\qquad}\text{kg})$。爆破时只要单响药量不超过$(\underline{\qquad}\text{kg})$(合预裂孔),爆破振动对周围建筑物就没有危害。

又或:根据上述公式,按国标规定,$(\underline{\qquad})$安全允许振动速度$[V]=(3.0\text{ cm/s})$，以 $K=(100)$、$\alpha=(2.0)$、$K'=0.5$ 及上述数值分别代入,计算距办公楼不同距离时的最大段发装药量 $Q_{\max}$，如表 9.1 所示。

表 9.1　最大段发装药量 Q_{max}

R/m	10	20	30	50	80	100	150
Q_{max}/kg							

注：浅孔爆破 50～100 Hz：土窑土坯房＝1.1～1.5 cm/s；砖房＝2.7～3.0 cm/s；钢筋混凝土＝4.2～5.0 cm/s；建筑物古迹＝0.3～0.5 cm/s；水工隧道＝7～15 cm/s；交通隧道＝10～20 cm/s；矿山巷道＝15～30 cm/s；发电站及发电中心＝0.5 cm/s。

（2）冲击波安全允许距离

$$R_k = 25\sqrt[3]{Q}$$

R_k 为空气冲击波对掩体内避炮作业人员的安全允许距离，cm；Q 为最大段药量，kg。

（3）个别飞散物安全允许距离

$$L = 70q^{0.58}$$

q 为炸药单耗，kg/m³。

2）安全防护措施

（1）爆破切口采取"竹排＋帆布篷布＋钢丝网"三重防护，特别注重于切口两侧部位的防护；

（2）为减少烟囱倒塌时的塌落振动强度和烟囱倒地时碎块的飞溅，在烟囱预计倒塌范围四周挖减震沟；

（3）在宿舍楼和车库迎爆区的窗户上挂帆布篷布；

（4）对上、下缺口处爆破体进行覆盖防护，对上部加强防护；

（5）下部起爆网路的防护：为了防止下部起爆网路被先爆上部影响，可搭设顶棚遮挡；

（6）爆破部位采用胶皮网-草袋进行覆盖防护，西北侧和西南侧搭设钢管排架，上覆双层胶皮网；

（7）在冷却塔倒塌方向路径上用沙袋设置 3 座减振防护堤；

（8）采用高压水枪向冷却塔喷洒水雾，降低粉尘产生量。

9.3　本讲例题

拆除对象由 18 层高主楼和裙楼组成，主楼为钢筋混凝土框架-剪力墙结构，高

64.5 m、宽 15.0 m、长 36.0 m,钢筋混凝土外剪力墙厚 0.24 m,共 18 根钢筋混凝
土立柱,1~5 层立柱截面为 1.1 m×1.1 m,6 层立柱截面为 1.0 m×1.0 m,7 层立
柱截面为 0.9 m×0.9 m,8 层立柱截面为 0.8 m×0.8 m,8 层以上立柱截面为
0.7 m×0.8 m,建筑面积 9 720 m²;裙楼位于主楼东西两侧,建筑面积约 500 m²。
图 9.5 为楼房底层平面结构示意图。图 9.6 为楼房南立面示意图。

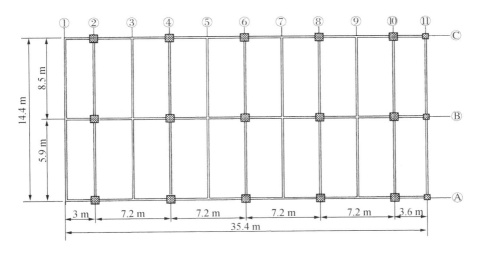

图 9.5 楼房底层平面结构示意图

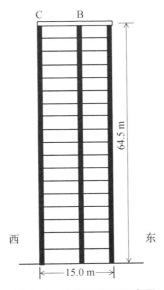

图 9.6 楼房南立面示意图

9.4 参考答案

1）爆破方案：

爆破前将主楼东西两侧的裙楼用机械和人工拆除，仅爆破主楼；由于楼房高 64.5 m，南北长 36 m，东西宽 15 m，南北向高宽比为 1.8，东西向高宽比为 4.3，故主楼采用向西定向倒塌的方案。为减少西侧倒塌范围和降低塌落振动强度，采用单向三折定向倒塌方案；分别在 1～3 层、8～9 层和 13～14 层布置三个三角形切口以 A 轴为铰链点，C 轴开口；切口内剪力墙全部预先拆除。

2）爆破切口参数

（1）切口参数设计

炸高：承重立柱破坏高度按下式计算：$H = K(B + H_{min})$，假定钢筋直径 $d = 3.2$ cm，$H_{min} = (30 \sim 50)d = (96 \sim 160)$ cm，K 为系数，$K = 1.5 \sim 2$，由于立柱截面较大，为解体充分，便于破碎和清运，应适当加大立柱炸高，取 $K = 2$。

下切口 $H = K(B + H_{min}) = 5.2$ m，中切口 $H = 2(0.8 + 1.5) = 4.6$ m，上切口 $H = 2(0.7 + 1.5) = 4.4$ m。采用三角形切口：取下切口高度 9 m，布孔 1 至 3 层；中切口高度 6 m，布孔 8 至 9 层；上切口高度 6 m，布孔 13 至 14 层。

（2）切口布置

① 下切口：1～3 层。切口高度 $h_1 = 9$ m，C 排柱子 1～3 层钻孔，B 排柱子 1～2 层钻孔，A 排立柱在 1 层底部布孔 6 个松动爆破成铰。

② 中切口：8～9 层。切口高度 $h_1 = 6$ m，C 排柱子 8～9 层钻孔，B 排柱子仅在 8 层钻孔；A 排立柱在 8 层底部布孔 3 个松动爆破成铰。

③ 上切口：13～14 层。切口高度 $h_1 = 6$ m，C 排柱子 13～14 层钻孔，B 排柱子仅在 13 层钻孔，A 排立柱底部布孔 3 个松动爆破成铰。

（3）爆破参数

① 1～3 层，柱子断面为 1.1 m×1.1 m，布孔 2 排。各排柱子布孔参数为：$W = 40$ cm，$a = 50$ cm，$b = 30$ cm，$l = 70$ cm。

② 8 层，柱子断面尺寸为 0.8 m×0.8 m，布孔 2 排，交叉布置。布孔参数为：$W = 35$ cm，$a = 50$ cm，$b = 10$ cm，$l = 50$ cm。

③ 9 层、13～14 层，柱子断面尺寸为 0.7 m×0.8 m，布孔 1 排。布孔参数为：

$W=35$ cm，$a=40$ cm，$l=50$ cm。

④ 1 层 C、B 排柱子单耗 $q=1\,200$ g/m³，单孔装药量 $Q=363$ g，取 360 g。A 排柱子单耗 $q=400$ g/m³，单孔装药量 $Q=120$ g。

⑤ 2、3 层 C、B 排柱子单耗 $q=1\,000$ g/m³，单孔装药量 $Q=300$ g。

⑥ 8 层 C、B 排柱子单耗 $q=900$ g/m³，单孔装药量 $Q=300$ g，A 排柱子单耗 $q=400$ g/m³，单孔装药量 $Q=120$ g；9 层、13、14 层 C、B 排柱子单耗 $q=900$ g/m³，单孔装药量 $Q=200$ g。9 层、13 层 A 排立柱单耗 $q=400$ g/m³，单孔装药量 $Q=100$ g。

⑦ 各层根据切口高度布孔。

⑧ 剪力墙爆破参数

在保证建筑物结构稳定的前提下，用机械或人工对剪力墙进行预处理。采用化墙为柱的处置方法，倒塌方向的处理尽量多一些，倒塌反方向的处理相对要少一些，重点在 1～3 层、8～9 层进行。剪力墙厚 24 cm，爆破参数为：$W=0.12$ m，$l=2/3\delta=2/3\times0.24=0.16$ m，$a=b=0.3$ m，$Q=qab\delta=1\,300\times0.3\times0.3\times0.24=28$ g，实取 30 g。

附图：倒塌方向和柱子布孔示意图如图 9.7 和图 9.8 所示。

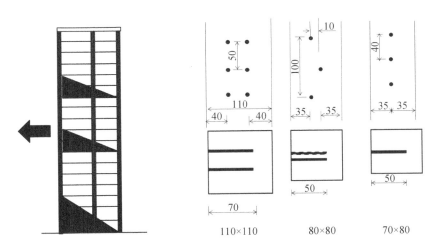

图 9.7　倒塌方向　　　　图 9.8　柱子布孔示意图（单位：cm）

3）起爆网路设计

（1）采用孔内外混合导爆管起爆网路：各切口内 C 排立柱孔内装 MS2 段毫秒导爆管延时雷管（25 ms），B 排立柱内装 MS12（550 ms）段，A 排装 MS16（1 020 ms）段，即各排之间的延时间隔分别为 525 ms 和 470 ms。

（2）各切口内用四通连接成网格式闭合网路。

（3）三个切口之间用 MS12 段毫秒延时导爆管雷管接力起爆：下切口先爆，中切口滞后 550 ms 起爆，上切口滞后中切口 550 ms 起爆。

附图：起爆网路图如图 9.9 所示。

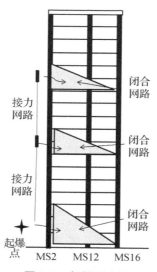

图 9.9　起爆网路图

4）爆破安全设计

（1）爆破振动安全允许距离计算

切口内最大段药量为下切口 C 排立柱，每根立柱布孔 14 个，共计药量 5.04 kg，5 跨柱子总药量 Q 段＝25.2 kg，场地系数 K 取 100，浅孔法拆除爆破楼房 K' 取 0.3，允许安全振速 $[V]$＝3 cm/s，衰减指数 α 取 1.57，代入上式计算得爆破振动安全允许距离 R_z＝12.4 m。

（2）爆破飞石防护措施

采用"覆盖防护、近体防护和保护性防护"相结合的综合防护方案，爆破部位用 2 层竹排和 1 层密目安全网进行覆盖防护，窗口捆绑竹排防护；在距楼房周围 1.5 m 处搭设近体防护排架，上挂两层竹笆；在朝向爆区方向的窗户上挂一层竹笆和草袋。

第 10 章
砖混结构拆除爆破设计

10.1　导论

10.1.1　砖混结构的概念

砖混结构是指建筑物中竖向承重结构的墙采用砖或者砌块砌筑,构造柱以及横向承重的梁、楼板、屋面板等采用钢筋混凝土结构。也就是说砖混结构是以小部分钢筋混凝土及大部分砖墙承重的结构。砖混结构是混合结构的一种,是采用砖墙来承重,由钢筋混凝土梁柱板等构件构成的混合结构体系。该结构适合开间进深较小,房间面积小,多层或低层的建筑。总体来说,砖混结构的使用寿命和抗震等级要低些。

10.1.2　砖混结构拆除爆破的方法

大多采用逐跨坍落,也有采用原地坍塌的。当条件限制而必须采用向一侧倾倒时,应注意保留部分砖柱和墙要有足够的支撑强度,特别是层数较多、较高的楼房,必须仔细验算,否则会发生严重后坐现象。

（1）为使楼房顺利坍塌,影响楼房坍塌的原承重墙和隔断墙应预先拆除。

（2）楼梯间和现浇楼梯往往会影响楼房的倒向和解体,爆前应将楼梯逐段切断,并在相关墙体上布孔装药,与楼房一起爆破。

（3）对于砖混结构住宅,要注意卫生间、厨房的具体位置,因其墙多、开间小、整体性较好,爆前应先作弱化处理。若这些结构在倒向前方,则会造成倾倒不彻底;若在倒向后方,则会造成解体不充分。

10.2　砖混结构拆除爆破设计流程

10.2.1　爆破方案

爆破前将(_____)用机械和人工拆除/切断,仅爆破(_____);根据楼房框架结构特性及周边环境特点,采用定向倒塌的方案;根据楼房尺寸:东西长(_____m),南北宽(_____m),高宽比为(_____)>1.0,适合(_____)方向倒塌,倒塌方向水平距离(_____m)大于楼房高度的2/3,确定(_____)方向,采用三角形切口。

10.2.2　爆破参数设计

1)爆破切口参数设计

(1)缺口形状:三角形爆破缺口;

(2)缺口高度:

承重墙垮塌,上部结构会在重力作用下倒塌破碎。爆破缺口高度有以下经验公式:爆破缺口高度 h 与建筑物高度 H、宽度 L 和承重墙厚度 B 有关的近似公式:

$$h = KLB/H \text{ 式}$$

式中:K 为经验系数,$K = 2 \sim 3$。

工程实践中总结的经验公式为:

$$h = (1.5 \sim 3.0)B$$

切口布置到第3层,按楼层平均高度3.3 m计算,切口高度为7.3 m;2区切口布置到第2层,切口高度为5.2 m;切口顶点钻2排孔对墙体进行弱化处理;构造柱爆破部位稍高于墙体;对切口内承重墙体适当进行预拆除,预拆除应保证建筑物结构的安全。

2)爆区参数设计

24墙:$a = 30$ cm,$b = 25$ cm;$l_{垂} = 16$ cm,$l_{倾} = 22$ cm;单耗 $q = 1\ 000$ g/m³。计算得单孔药量 $Q_{垂} = 18$ g,实取 $Q_{垂} = 20$ g,$Q_{倾} = 25$ g。

构造柱:$b = 25$ cm;$l_{垂} = 17$ cm;单耗 $q = 1\ 200$ g/m³。计算得单孔药量 $Q = 22.5$ g,实取 $Q = 25$ g。

采用密实装药结构。

注:在实际施工中根据爆破效果和周围环境对以上相关参数进行调整。砖墙拆除爆破一般采用水平钻孔,最小抵抗线 W 为砖墙厚度 δ 的一半,即 $W=\delta/2$;炮孔水平方向间距 a 随墙体厚度及其浆砌强度而变化,可取 $a=(1.2\sim2)W$,炮孔排距 $b=(0.8\sim0.9)W$,因为垂直方向的砖缝错位,间距要小。

10.2.3　起爆网路设计

采用导爆管和电雷管混合起爆网路:1 区孔内 MS6 段导爆管雷管,每 20～25 发孔内导爆管用 2 发 1 段导爆管雷管孔外接力;

2 区孔内 MS15 段导爆管雷管,由中间向两侧用 MS3 段导爆管雷管接力。1 区与 2 区联成一个网路,最后用 2 发电雷管引爆。用高能起爆器起爆。

10.2.4　安全防护设计

1) 爆破振动的控制与防护

(1) 爆破振动

$$V=KK'\left(\frac{\sqrt[3]{Q}}{R}\right)^{\alpha}、\quad Q_{\max}=R^3\left(\frac{[V]}{KK'}\right)^{3/\alpha}、\quad R=\left(\frac{KK'}{V}\right)^{1/\alpha}Q^{1/3}$$

以 $Q=(\underline{\qquad}$ kg$)$,$R=(\underline{\qquad}$ m$)$,$K=(100)$,$\alpha=2.0$,$K'=0.5$ 代入上式计算,得到 $V=(\underline{\qquad}$ cm/s$)$,根据《爆破安全规程》(GB 6722—2014)规定,一般民用建筑允许的爆破振动速度 $V=(3\ \text{cm/s})$。

或者:根据上述公式,按国标规定,$(\underline{\qquad})$ 安全允许振动速度 $[V]=(\underline{\qquad}$ cm/s$)$,$(\underline{\qquad})$ $[V]=(\underline{\qquad}$ cm/s$)$,以 $K=(100)$、$\alpha=(2.0)$、$K'=0.5$,$R=(\underline{\qquad}$ m$)$ 和 $(\underline{\qquad}$ m$)$ 及上述数值分别代入,得 $Q_{\max}=(\underline{\qquad}$ kg$)$。爆破时只要单响药量不超过 $(\underline{\qquad}$ kg$)$ $($合预裂孔$)$,爆破振动对周围建筑物就没有危害。

又或:根据上述公式,按国标规定,$(\underline{\qquad})$ 安全允许振动速度 $[V]=(3.0\ \text{cm/s})$,以 $K=(100)$、$\alpha=(2.0)$、$K'=0.5$ 及上述数值分别代入,计算距办公楼不同距离时的最大段发装药量 $Q_{\max}$,如表 10.1 所示。

表 10.1　最大段发装药量 $Q_{\max}$

R/m	10	20	30	50	80	100	150
$Q_{\max}$/kg							

注：浅孔爆破 50～100 Hz；土窑土坯房＝1.1～1.5 cm/s；砖房＝2.7～3.0 cm/s；钢筋混凝土＝4.2～5.0 cm/s；建筑物古迹＝0.3～0.5 cm/s；水工隧道＝7～15 cm/s；交通隧道＝10～20 cm/s；矿山巷道＝15～30 cm/s；发电站及发电中心＝0.5 cm/s。

（2）爆破安全距离

$$R_{F}=20K_{F}n^{2}W_{1}$$

以 $W_1=($ _____ m）， $K_F=(1.5)$， $n=(0.8)$ 代入上式计算，得到 $R_F=($ _____ m）。

（3）冲击波安全允许距离

$$R_{k}=25\sqrt[3]{Q}$$

R_k 为空气冲击波对掩体内避炮作业人员的安全允许距离，cm；Q 为最大段药量，kg。

（4）安全防护措施

在（_____）与爆区之间开挖减震沟。对（_____）采取加固措施。

爆破产生的飞石及滚落的石块会对被保护的建筑设施造成破坏。为保护飞石不对建筑物产生危害，可采取的具体措施如下：

严格按照设计施工，保证填塞长度和填塞质量。

临近被保护物的爆区，对爆区表面进行覆盖。先压一层沙土袋，盖一层竹排，再压一层沙土袋，罩一层尼龙网，最后再压一层沙土袋。形成三层沙土袋，一层竹排，一层尼龙网，以保证爆区无飞石。

对爆区被保护物，在其朝向爆区的方向上搭上排架，使排架高度超过被保护物高度，以保证能有效阻挡个别飞石损坏文物。

2）爆破警戒范围

根据《爆破安全规程》（GB 6722—2014）规定，露天深孔爆破安全距离按设计但不得小于 200 m，城镇浅孔爆破由设计确定，由于设计采用控制爆破技术，同时对爆区做了多层覆盖，确定安全警戒范围为（_____ m）。

10.3 本讲例题

拟拆除的住宅楼为八层砖混结构,楼房平面布置呈"凹"形,拐角重叠处有施工缝。1区楼长 17.04 m,宽 11.04 m。2区楼长 53.04 m,宽 9.9 m。楼高 26.5 m,总面积 6 500 m²。承重墙为 24 cm 砖墙,1、2 层墙体为混凝土砖,3 层以上为标准红砖,在结构拐角处有构造柱和圈梁,楼板为 6 芯预制楼板,厚 10 cm,楼梯、厕所为现浇结构。

大楼东侧 25 m 处是围墙,35 m 处为建设大道;南侧 30 m 处为集贸市场;西侧 8 m 处是围墙和高压线。围墙外是某小区住宅楼群。大楼北面 55 m 处是围墙,75 m 处是一幼儿园。

10.4 参考答案

1)爆破方案

楼房高 26.5 m,楼房北侧有 75 m 空地,高宽比和倒塌距离满足定向坍塌条件,决定采取向北定向坍塌方案;加大 1 区爆破切口高度,降低 1 区爆堆坍塌高度,延长 1 区和 2 区之间的起爆时差,以减少 1 区爆堆对 2 区的影响;为保护 2 区楼西侧距离 8 m 的高压线电杆,2 区采取楼中间先起爆,逐段向两侧延时,使 2 区有向中间倒塌的趋势;对爆破切口内的构造柱周围 0.5 m 范围的墙进行预拆除。

2)爆破切口参数设计

(1)缺口形状:三角形爆破缺口;

(2)缺口高度:

承重墙垮塌,上部结构会在重力作用下倒塌破碎。爆破缺口高度有以下经验公式:爆破缺口高度 h 与建筑物高度 H、宽度 L 和承重墙厚度 B 有关的近似公式:

$$h = KLB/H$$

式中:K 为经验系数,$K = 2 \sim 3$;

工程实践中总结的经验公式为:

$$h = (1.5 \sim 3.0)B$$

切口布置到第 3 层,按楼层平均高度 3.3 m 计算,切口高度为 7.3 m;2 区切口布置到第 2 层,切口高度为 5.2 m;切口顶点钻 2 排孔对墙体进行弱化处理;构造柱爆破部位稍高于墙体;对切口内承重墙体适当进行预拆除,预拆除应保证建筑物结构的安全。

3)爆区参数设计

24 墙:$a=30$ cm,$b=25$ cm;$l_{垂}=16$ cm,$l_{倾}=22$ cm;单耗 $q=1\ 000$ g/m³。计算得单孔药量 $Q_{垂}=18$ g,实取 $Q_{垂}=20$ g,$Q_{倾}=25$ g。

构造柱:$b=25$ cm;$l_{垂}=17$ cm;单耗 $q=1\ 200$ g/m³。计算得单孔药量 $Q=22.5$ g,实取 $Q=25$ g。

采用密实装药结构。

注:在实际施工中根据爆破效果和周围环境对以上相关参数进行调整。

4)起爆网路设计

采用导爆管和电雷管混合起爆网路:1 区孔内 MS6 段导爆管雷管,每 20～25 发孔内导爆管用 2 发 1 段导爆管雷管孔外接力。

2 区孔内 MS15 段导爆管雷管,由中间向两侧用 MS3 段导爆管雷管接力。1 区与 2 区联成一个网路,最后用 2 发电雷管引爆。用高能起爆器起爆。

5)安全防护设计

(1)爆破振动的控制与防护

① 爆破振动

$$Q_{max}=R^3\left(\frac{[V]}{KK'}\right)^{3/\alpha}$$

根据上述公式,按国标规定,一般民用建筑安全允许振动速度 $[V]=3$ cm/s,以 $K=100$、$\alpha=2.0$、$K'=0.5$、$R=20$ m 及上述数值分别代入,得 $Q_{max}=117$ kg。爆破时只要单响药量不超过 117 kg,爆破振动对周围建筑物就没有危害。

② 安全防护措施

采用"覆盖防护、近体防护和保护性防护"相结合的综合防护方案。爆破部位用 2 层竹排和 1 层密目安全网进行覆盖防护,窗口捆绑竹排进行防护。在距楼房周围1.5 m 处搭设近体防护排架,上挂两层竹笆,西侧靠小区在排架内侧挂一层草袋。在西侧围墙下垒一道高 1.2 m、宽 1 m 的沙袋墙防止爆碴挤垮围墙。

(2)爆破警戒范围

根据《爆破安全规程》(GB 6722—2014)规定,露天深孔爆破安全距离按设计但不得小于 200 m。

第 11 章
烟囱拆除爆破设计

11.1 导论

11.1.1 烟囱的概念

烟囱传统上都是由砖石建成的,无论是在大、小建筑物中。早期的烟囱是一个简单的砖结构。后来的烟囱是通过在砖衬里放置砖来建造的。

11.1.2 烟囱拆除爆破的方法

爆破拆除烟囱最常用的方案有三种:一是定向爆破拆除;二是折叠式爆破拆除;三是原地坍塌爆破拆除。

1)定向爆破拆除方案

在烟囱底部运用炸药的爆炸能量,将烟囱筒壁炸开一定高度的爆破缺口,破坏其结构的稳定性,使其整个结构失稳和重心偏移,在烟囱自重作用下,形成倾覆力矩,导致烟囱按预定方向倾倒。

实现定向爆破的先决条件是:在烟囱倾倒方向必须具备一定宽度的狭长场地,其长度不得小于烟囱高度的 1.0~1.2 倍,垂直于倾倒中心线方向的横向宽度不得小于烟囱底部外径的 2~3 倍和钢筋混凝土烟囱外径的 1.5~2 倍。

2)折叠式定向爆破拆除方案

对于定向倒塌水平距离不足的烟囱,一般采用折叠控制爆破拆除方法。

折叠爆破首先要解决好折口的形式及碎块飞散的防护。折口的形式及其口长、口高与整体定向倒塌爆破切口相似,但为减少折口爆破部位的碎块飞散,有利于安全防护,其单孔装药量要比整体定向倒塌爆破少 15%～20%。

折口处起爆前,一般采用有弹性的材料捆绑围护。

折叠爆破的爆破原理与整体定向倒塌爆破的原理相同。不同的是,每一节的折口方向相反,起爆的时间顺序也不同。

起爆顺序应自上而下实施,下节要比上节起爆时间延期 1～1.5 s,最理想的现象是待上节倒塌至 20°时即起爆下节,这样就可以使每节塌落时沿重心方向运动。每节倒塌至 20°时起爆下节,使上节下塌时形成后坐力、重心力和前倾力。以重心力为中心,使其能沿中心线运动,互相形成折叠式。

折叠爆破每一节的长度,应依周围环境而定,但应满足塌落物堆积的幅度(即散布面)和每节烟囱折叠下落触地后的滚动距离等条件。这些因素必须加以考虑,否则将会顾此失彼,造成不可弥补的损失。

3) 原地坍塌爆破拆除方案

原地坍塌可以与折叠爆破原理相似、方法相同,所不同的是每一节的长度相当短,几乎是一旦起爆,就会出现自下而上往下堆的现象,这与高大楼房等建筑物的原地坍塌爆破的原理是相似的,方法也是相同的。

11.2 烟囱定向拆除爆破设计流程

11.2.1 爆破方案

根据(_____)周围环境,(_____)侧均有建筑物,仅正(_____)侧为空地,满足(_____)定向倾倒前侧需要有 1.2 倍烟囱高度距离的要求,烟囱两侧的距离也满足宽于底部直径 3 倍以上的场地要求,(_____)底部正北侧有一个出灰口,依据环境许可和结构对称原则,确定采用(_____)定向倾倒的爆破方案。考虑施工方便,切口底边标高定为 +0.5 m 处,爆破切口设在离开地面 1.5 m 处。

11.2.2 爆破参数设计

1) 爆破切口参数设计

(1) 切口形状:正梯形爆破切口;

(2) 切口高度:根据经验,(_____)切口高度 $h \geqslant (3.0～5.0)\delta$。(_____)

底部壁厚 $\delta =$ (＿＿＿＿cm)，所以 $h \geqslant$ (＿＿＿＿)，取 $h =$ (＿＿＿＿m)；注：根据砖结构或者钢筋混凝土结构来取值。

（3）切口宽度：切口长边按切口圆心角（＿＿＿＿°）取值。（＿＿＿＿）底部直径（＿＿＿＿m），周长为（＿＿＿＿m），故切口长边应为 $L_1 =$ ((＿＿＿＿°)/360°)×(周长)＝（＿＿＿＿m），切口短边按周长一半取，$L_2 =$ （＿＿＿＿m）。正梯形两侧三角形部位作为定向窗预先采用钻密孔机械剔除法施工成形。

注：圆心角 $180° \sim 240°$，多数 $200°+$，砖 $200°$。

附图：切口示意图如图 11.1 所示。

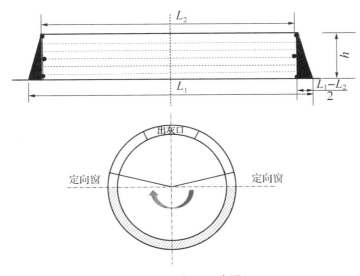

图 11.1　切口示意图

2）爆区参数设计

（1）炮孔直径 d：$d =$（38～42 mm），取 $d =$（＿＿＿＿mm）；

（2）炮孔深度 l：$l = 0.68\delta$，$l =$（＿＿＿＿m）；

（3）炮孔间距 a：$a =$（0.8～0.9）l，取 $a =$（＿＿＿＿mm）；

（4）炮孔排距 b：$b = 0.86a$，取 $b =$（＿＿＿＿mm）；

（5）炮孔排数 m：$m = h/b + 1 =$（＿＿＿＿），切口布孔实际高度：（＿＿＿＿m）；

（6）炮孔总数：切口短边孔数为（＿＿＿＿）个，短边实际布孔长度 $L_2 =$（＿＿＿＿m），每排布孔（＿＿＿＿）个。总计布置炮孔（＿＿＿＿）个。

（7）单孔装药量：单孔药量 $Q = qab\delta =$（＿＿＿＿g）（1.0 kg/m³/2.0 kg/m³）。

注：在实际施工中根据爆破效果和周围环境对以上相关参数进行调整。

砖:切口处耐火砖内衬(厚 24 cm)采用裸露药包与主爆破同时起爆,在切口中部中心线两侧(中心线布置 1 个)各对称布置 3 个药包,间距 0.6 m,药量 200 g,共计布置药包 7 个,总药量 1.4 kg。将药包位置的耐火砖取出后,放置裸露药包,并覆以黄泥。每个药包内装 MS2 段导爆管雷管,采用 MS1 段导爆管雷管接入主爆破网路。

混凝土:切口处耐火砖内衬(厚 24 cm)采用裸露药包与主爆破同时起爆,在每侧 4.8 m 的距离中布置 2 排药包,排距 0.5 m,每排布置 7 个药包,间距 0.6 m,药量 200 g,两侧共计药包 28 个,总药量 5.6 kg。将药包位置的耐火砖取出后,放置裸露药包,并覆以黄泥。每个药包内装 MS2 段导爆管雷管,采用 MS1 段导爆管雷管接入主爆破网路。

11.2.3　预处理

1) 出灰口爆前用砖砌筑到一定强度;上、下支撑区均应经过强度校核,符合稳定性要求。下部支撑区出灰口用高标号水泥砂浆砌(_____ cm)砖墙砌筑并抹面,养护期不少于 5 天。

2) 正梯形两侧三角形部位预先切开作为定向窗,用风镐开凿定向窗,并修凿到设计尺寸,保证两侧定向窗在同一高程。切断烟囱避雷针,窗内钢筋全部割掉。(_____)定向窗尺寸为宽(_____),高(_____)的三角形缺口。(_____)定向窗尺寸为宽(_____),高(_____)的三角形缺口。

11.2.4　起爆网路设计

采用导爆管接力起爆网路,切口中间和两侧炮孔内分别安放 MS2 段、MS4 段导爆管雷管,采用"大把抓"连接,每 20 发左右用 2 发 MS1 段导爆管雷管捆联接力,孔外传爆导爆管用四通连接成闭合起爆网路,最后用 2 发电雷管激发起爆。起爆网路图见图 11.2。

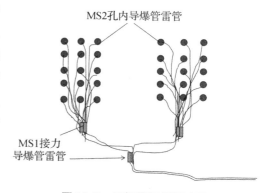

MS2 孔内导爆管雷管

MS1 接力
导爆管雷管

图 11.2　导爆管起爆网路图

11.2.5　安全防护设计

1）爆破振动的控制与防护

（1）爆破振动

$$V = KK'\left(\frac{\sqrt[3]{Q}}{R}\right)^{\alpha}、\quad Q_{max} = R^3\left(\frac{[V]}{KK'}\right)^{3/\alpha}、\quad R = \left(\frac{KK'}{V}\right)^{1/\alpha}Q^{1/3}$$

以 $Q=$（＿＿＿＿kg），$R=$（＿＿＿＿m），$K=$（100），$\alpha=2.0$，$K'=0.5$ 代入上式计算，得到 $V=$（＿＿＿＿cm/s），根据《爆破安全规程》（GB 6722—2014）规定，一般民用建筑允许的爆破振动速度 $V=$（3 cm/s）。

或者：根据上述公式，按国标规定，（＿＿＿＿）安全允许振动速度 $[V]=$（＿＿＿＿cm/s），（＿＿＿＿）$[V]=$（＿＿＿＿cm/s），以 $K=$（100）、$\alpha=$（2.0）、$K'=0.5$、$R=$（＿＿＿＿m）和（＿＿＿＿m）及上述数值分别代入，得 $Q_{max}=$（＿＿＿＿kg）。爆破时只要单响药量不超过（＿＿＿＿kg）（合预裂孔），爆破振动对周围建筑物就没有危害。

又或：根据上述公式，按国标规定，（＿＿＿＿）安全允许振动速度 $[V]=$（3.0 cm/s），以 $K=$（100）、$\alpha=$（2.0）、$K'=0.5$ 及上述数值分别代入，计算距办公楼不同距离时的最大段发装药量 Q_{max}，如表 11.1 所示。

表 11.1　最大段发装药量 Q_{max}

R/m	10	20	30	50	80	100	150
Q_{max}/kg							

注：深孔爆破 10～50 Hz：土窑土坯房＝0.7～1.2 cm/s；砖房＝2.3～2.8 cm/s；钢筋混凝土＝3.5～4.5 cm/s；建筑物古迹＝0.2～0.4 cm/s；水工隧道＝7～15 cm/s；交通隧道＝10～20 cm/s；矿山巷道＝15～30 cm/s；发电站及发电中心＝0.5 cm/s。

（2）冲击波安全允许距离

$$R_k = 25\sqrt[3]{Q}$$

R_k 为空气冲击波对掩体内避炮作业人员的安全允许距离，cm；Q 为最大段药量，kg。

（3）个别飞散物安全允许距离

$$L = 70q^{0.58}$$

q 为炸药单耗，kg/m³。

2）安全防护措施

（1）爆破切口采取"竹排＋帆布篷布＋钢丝网"三重防护,特别注重于切口两侧部位的防护。

（2）为了减少烟囱倒塌时的塌落振动强度和烟囱倒地时碎块的飞溅,应在烟囱预计倒塌范围四周挖减震沟。

（3）在宿舍楼和车库迎爆区的窗户上挂帆布篷布。

（4）对上、下缺口处爆破体进行覆盖防护,对上部加强防护。

（5）下部起爆网路的防护:为了防止下部起爆网路被先爆上部影响,可搭设顶棚遮挡。

（6）爆破部位应采用胶皮网-草袋进行覆盖防护,应在西北侧和西南侧搭设钢管排架,上覆双层胶皮网。

（7）在冷却塔倒塌方向路径上用沙袋设置 3 座减振防护堤。

（8）采用高压水枪向冷却塔喷洒水雾,降低粉尘产生量。

11.3 烟囱双向倒塌拆除爆破设计流程

11.3.1 爆破方案

根据（_____）周围环境,（_____）侧均有建筑物,仅正（_____）侧为空地,不满足（_____）定向倾倒前侧需要有 1.2 倍烟囱高度距离的要求,烟囱两侧的距离也满足宽于底部直径 3 倍以上的场地要求,（_____）底部正北侧有一个出灰口,依据环境许可和结构对称原则,采用"（_____）向双向折叠倒塌"的总体倒塌方案,即上部切口在（_____）处,向正西倒塌;下部切口在（_____）处,向正东倒塌。采用先上后下的起爆顺序。考虑施工方便,切口底边标高定为＋0.5 m 处/爆破切口设在离开地面 1.5 m 处。

11.3.2 爆破参数设计

1）爆破切口参数设计

（1）切口形状:工程上下切口均采用正梯形切口;

（2）下切口高度：根据经验，（_____）切口高度 $h \geqslant (3.0 \sim 5.0)\delta$，（_____）壁厚 $\delta_1 = ($_____ cm$)$，所以 $h_1 \geqslant ($_____$)$，取 $h_1 = ($_____ m$)$；上切口高度：（_____）壁厚 $\delta_2 = ($_____ cm$)$，所以 $h_2 \geqslant ($_____$)$，取 $h_2 = ($_____ m$)$；

（3）下切口宽度：上切口长边按切口圆心角（_____°）取值。（_____）直径（_____ m），周长为（_____ m），故切口长边应为 $L_{1-1} = [($_____°$)/360°] \times ($周长$) = ($_____ m$)$，切口短边按周长一半取，$L_{1-2} = ($_____ m$)$。上切口宽度：上切口长边按切口圆心角（_____°）取值。（_____）直径（_____ m），周长为（_____ m），故切口长边应为 $L_{2-1} = [($_____°$)/360°] \times ($周长$) = ($_____ m$)$，切口短边按周长一半取，$L_{2-2} = ($_____ m$)$。正梯形两侧三角形部位作为定向窗预先采用钻密孔机械剔除法施工成形。

2）爆区参数设计

（1）炮孔直径 d：$d = (38 \sim 42$ mm$)$，下切口炮孔直径取 $d_1 = ($_____ mm$)$，上切口炮孔直径取 $d_2 = ($_____ mm$)$。

（2）炮孔深度 l：$l = 0.68\delta$，下切口炮孔 $\delta_1 = ($_____ cm$)$，取 $l_1 = ($_____ m$)$，上切口炮孔 $\delta_2 = ($_____ cm$)$，取 $l_2 = ($_____ m$)$。

（3）炮孔间距 a：$a = (0.8 \sim 0.9)l$，下炮孔 $l_1 = ($_____ m$)$，取 $a_1 = ($_____ cm$)$，上炮孔 $l_1 = ($_____ m$)$，取 $a_2 = ($_____ m$)$。

（4）炮孔排距 b：$b = 0.86a$，下炮孔 $a_1 = ($_____ cm$)$，$b_1 = ($_____ cm$)$，上炮孔 $a_1 = ($_____ cm$)$，取 $b_2 = ($_____ cm$)$。

（5）下切口炮孔排数 m_1：$m_1 = h_1/b_1 + 1 = ($_____$)$，切口布孔实际高度：（_____ m）；上切口炮孔排数 m_2：$m_2 = h_2/b_2 + 1 = ($_____$)$，切口布孔实际高度：（_____ m）。

（6）下切口炮孔总数：切口短边孔数为（_____）个，短边实际布孔长度 $L_{1-2} = ($_____ m$)$，每排布孔（_____）个，下切口总计布置炮孔（_____）个；上切口炮孔总数：切口短边孔数为（_____）个，短边实际布孔长度 $L_{2-2} = ($_____ m$)$，每排布孔（_____）个，上切口总计布置炮孔（_____）个。

（7）下切口单孔装药量：单孔药量 $Q_1 = q_1 a_1 b_1 \delta_1 = ($_____ g$)$（$1.0$ kg/m³ / 2.0 kg/m³），实取单孔药量 $Q_1 = ($_____ g$)$，总装药量（_____ kg）。

砖：下切口处耐火砖内衬（厚 24 cm）采用裸露药包与主爆破同时起爆，在切口中部中心线两侧（中心线布置 1 个）各对称布置 3 个药包，间距 0.6 m，药量 200 g，共计布置药包 7 个,总药量 1.4 kg。将药包位置的耐火砖取出后,放置裸露药包,并覆以黄泥。每个药包内装 MS2 段导爆管雷管,采用 MS1 段导爆管雷管接入主爆破网路。

混凝土:下切口处耐火砖内衬(厚 24 cm)采用裸露药包与主爆破同时起爆,在每侧 4.8 m 的距离中布置 2 排药包,排距 0.5 m,每排布置 7 个药包,间距 0.6 m,药量 200 g,两侧共计药包 28 个,总药量 5.6 kg。将药包位置的耐火砖取出后,放置裸露药包,并覆以黄泥。每个药包内装 MS2 段导爆管雷管,采用 MS1 段导爆管雷管接入主爆破网路。

上切口单孔装药量:单孔药量 $Q_2 = q_2 a_2 b_2 \delta_2 = ($ _____ g) (1.0 kg/m³/2.0 kg/m³),实取单孔药量 $Q_2 = ($ _____ g),总装药量(_____ kg),此处内衬为(_____ cm)砖墙,将其预处理,使其化墙为柱,在内衬与筒壁间布设少量外部装药与筒壁炮眼同网同段起爆。

注:在实际施工中根据爆破效果和周围环境对以上相关参数进行调整。

11.3.3 预处理

1) 出灰口爆前用砖砌筑到一定强度;上、下支撑区均应经过强度校核,符合稳定性要求。下部支撑区出灰口用高标号水泥砂浆砌(_____ cm)砖墙砌筑并抹面,养护期不少于 5 天。

2) 正梯形两侧三角形部位预先切开作为定向窗,用风镐开凿定向窗,并修凿到设计尺寸,保证两侧定向窗在同一高程。切断烟囱避雷针,窗内钢筋全部割掉。(_____)定向窗尺寸为宽(_____),高(_____)的三角形缺口。(_____)定向窗尺寸为宽(_____),高(_____)的三角形缺口。

11.3.4 起爆网路设计

上下切口起爆时差为 2.2 s。起爆网路:上切口孔内为毫秒 1 段导爆管雷管,孔外 20 发捆联用 2 发瞬发电雷管起爆;下切口孔内为 MS16 段导爆管雷管,孔外用 MS16 段导爆管雷管捆联后再用 2 发瞬发电雷管起爆。上下切口电雷管串联用起爆器起爆。

上下缺口时差主要由两方面确定:一是避免上段筒体塌落时后坐,保证初始阶段的倾倒方向;二是两段筒体折叠及落地状态满足要求。确定上下缺口起爆时差

时,应考虑:

1）应使上缺口先形成,并保证下缺口起爆时,上部筒体已有定向倾倒的趋势,在上下缺口时差选择过程中可以考虑允许上部筒体已偏转 $1°\sim2°$。

2）在支撑断面整体发生屈服破坏以前,下部缺口必须起爆。

3）下缺口起爆后,由于下段筒体产生加速度,上段筒体的后坐力会降低,说明缩短起爆时差有利于防止上段筒体的后坐,因此应尽量缩短上下缺口之间的起爆时差。

11.3.5 安全防护设计

1）爆破振动的控制与防护

（1）爆破振动

$$V=KK'\left(\frac{\sqrt[3]{Q}}{R}\right)^{\alpha}、\quad Q_{max}=R^3\left(\frac{[V]}{KK'}\right)^{3/\alpha}、\quad R=\left(\frac{KK'}{V}\right)^{1/\alpha}Q^{1/3}$$

以 $Q=(\underline{\hspace{2cm}}$ kg$)$,$R=(\underline{\hspace{2cm}}$ m$)$,$K=(100)$,$\alpha=2.0$,$K'=0.5$ 代入上式计算,得到 $V=(\underline{\hspace{2cm}}$ cm/s$)$,根据《爆破安全规程》(GB 6722—2014)规定,一般民用建筑允许的爆破振动速度 $V=(3\ cm/s)$。

或者:根据上述公式,按国标规定,$(\underline{\hspace{2cm}})$安全允许振动速度 $[V]=(\underline{\hspace{2cm}}$ cm/s$)$,$(\underline{\hspace{2cm}})$ $[V]=(\underline{\hspace{2cm}}$ cm/s$)$,以 $K=(100)$、$\alpha=(2.0)$、$K'=0.5$、$R=(\underline{\hspace{2cm}}$ m$)$ 和 $(\underline{\hspace{2cm}}$ m$)$ 及上述数值分别代入,得 $Q_{max}=(\underline{\hspace{2cm}}$ kg$)$。爆破时只要单响药量不超过$(\underline{\hspace{2cm}}$ kg$)$（合预裂孔）,爆破振动对周围建筑物就没有危害。

又或:根据上述公式,按国标规定,$(\underline{\hspace{2cm}})$安全允许振动速度 $[V]=(3.0\ cm/s)$,以 $K=(100)$、$\alpha=(2.0)$、$K'=0.5$ 及上述数值分别代入,计算距办公楼不同距离时的最大段发装药量 Q_{max},如表 11.2 所示。

表 11.2 最大段发装药量 Q_{max}

R/m	10	20	30	50	80	100	150
Q_{max}/kg							

注:深孔爆破 10~50 Hz:土窑土坯房=0.7~1.2 cm/s;砖房=2.3~2.8 cm/s;钢筋混凝土=3.5~4.5 cm/s;建筑物古迹=0.2~0.4 cm/s;水工隧道=7~15 cm/s;交通隧道=10~20 cm/s;矿山巷道=15~30 cm/s;发电站及发电中心=0.5 cm/s。

（2）冲击波安全允许距离

$$R_k = 25\sqrt[3]{Q}$$

R_k为空气冲击波对掩体内避炮作业人员的安全允许距离，cm；Q为最大段药量，kg。

（3）个别飞散物安全允许距离

$$L = 70q^{0.58}$$

q为炸药单耗，kg/m^3。

2）安全防护措施

（1）爆破切口采取"竹排＋帆布篷布＋钢丝网"三重防护，特别注重于切口两侧部位的防护。

（2）为了减少烟囱倒塌时的塌落振动强度和烟囱倒地时碎块的飞溅，应在烟囱预计倒塌范围四周挖减震沟。

（3）宿舍楼和车库迎爆区的窗户上挂帆布篷布。

（4）上、下缺口处爆破体覆盖防护，上部加强防护。

（5）下部起爆网路的防护：为了防止下部起爆网路被先爆上部影响，可搭设顶棚遮挡。

（6）爆破部位采用胶皮网-草袋进行覆盖防护，西北侧和西南侧搭设钢管排架，上覆双层胶皮网。

（7）在冷却塔倒塌方向路径上用沙袋设置3座减振防护堤。

（8）采用高压水枪向冷却塔喷洒水雾，降低粉尘产生量。

11.4　本讲例题

待爆破拆除的砖结构烟囱高 35 m，底部外径 6.50 m、内径 4.90 m、壁厚 0.80 m（外壁厚 0.50 m、耐火砖内衬厚 0.24 m、间隙 0.06 m），烟囱底部正北侧有一尺寸为高×宽＝1.8 m×1.5 m 的出灰口。周围环境为：待爆破拆除烟囱北侧 25 m 处为新建厂房，西侧 20 m 处为住宅楼房，东侧 30 m 处为办公楼房，正南方向为空地，如图 11.3 所示。设计要求：简述爆破方案选择、钻爆参数设计、药量计算、爆破网路设计、爆破安全设计（含爆破切口示意图、炮孔布置示意图、起爆网路示意图）。

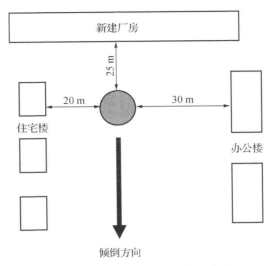

图 11.3　被拆烟囱周围环境示意图

11.5　参考答案

1）爆破方案的选择

根据烟囱周围环境,北侧、东侧和西侧均有建筑物,仅正南侧为空地,满足烟囱定向倾倒前侧需要有 1.2 倍烟囱高度距离的要求,烟囱两侧的距离也满足宽于底部直径 3 倍以上的场地要求,烟囱底部正北侧有一个出灰口,依据环境许可和结构对称原则,确定采用向南定向倾倒的爆破方案。考虑施工方便,将切口底边标高定为＋0.5 m 处。

2）爆破切口参数设计

考虑出灰口正好处于切口背向位置,采用正梯形切口形式。切口长边按切口圆心角 205°取值。烟囱底部直径 6.5 m,周长为 20.42 m,故切口长边应为 $L_1 = (205°/360°) \times 20.42 = 11.63$ m,切口短边按周长一半取值,$L_2 = 10.21$ m。正梯形两侧三角形部位作为定向窗预先采用钻密孔机械剔除法施工成形。

根据经验,烟囱切口高度 $h \geqslant (3.0 \sim 5.0)\delta$。烟囱底部壁厚(不计耐火砖层)$\delta = 50$ cm,所以 $h \geqslant 1.5 \sim 2.5$ m,取 $h = 2.0$ m。

3）爆破参数设计

炮孔直径 d＝40 mm；烟囱壁厚 δ＝50 cm，炮孔深度 l＝0.68δ＝34 cm；取炮孔间距 a＝40 cm；炮孔排距 b＝35 cm；炮孔排数：m＝2.0/0.35＋1＝7；切口布孔实际高度：2.1 m。切口短边孔数为 10.21/0.40＋1＝26 个，短边实际布孔长度 L_2＝10.00 m，每排布孔 24 个。总计布置炮孔 168 个。定向窗尺寸为：高×宽＝2.1 m×0.8 m。（切口长边按 11.6 m 计）

单孔药量 Q＝$qab\delta$＝70 g（q＝1.0 kg/m³），实取单孔药量 Q＝66.7 g（1/3 药卷长度）。共计炮孔 168 个，总装药量 11.2 kg。切口实际圆心角为 204.5°。切口布孔见图 11.4。

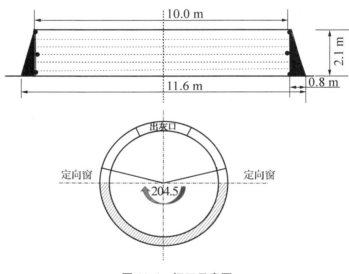

图 11.4　切口示意图

4）预处理

（1）出灰口爆前用砖砌筑到一定强度。

（2）正梯形两侧三角形部位预先切开作为定向窗。对定向窗的开凿除了保证对称外，同时采用定位准、方向正、角度精的精确钻孔法，钻孔轴线必须通过圆心并穿透。

5）烟囱内衬的处理

切口处耐火砖内衬（厚 24 cm）采用裸露药包与主爆破同时起爆，在切口中部中心线两侧（中心线布置 1 个）各对称布置 3 个药包，间距 0.6 m，药量 200 g，共计布置药包 7 个,总药量 1.4 kg。将药包位置的耐火砖取出后,放置裸露药包,并覆以黄泥。每个药包内装 MS2 段导爆管雷管,采用 MS1 段导爆管雷管接入主爆破网路。

　　6) 起爆网路设计

　　采用导爆管接力起爆网路,切口中间和两侧炮孔内分别安放 MS2、MS4 段导爆管雷管,每 20 发左右用 2 发 MS1 段导爆管雷管捆联接力,最后用 2 发电雷管激发起爆。起爆网路图见图 11.5。

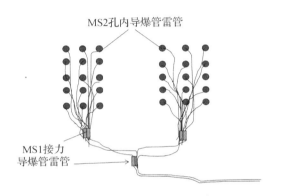

图 11.5　导爆管起爆网路示意图

　　7) 安全与防护设计

　　(1) 爆破振动的控制与防护

　　① 爆破振动

$$V = KK'\left(\frac{\sqrt[3]{Q}}{R}\right)^{\alpha}$$

以取 $K=150, \alpha=1.5, K'=0.3, Q=11.2/2+1.4=7$ kg,$R=20$ m 代入,得 $V=1.33$ cm/s。根据《爆破安全规程》(GB 6722—2014)规定,宿舍楼的允许安全振速为 $[V]=2.5$ cm/s,所以爆破振动对居民楼没有影响。

　　(2) 安全防护措施

　　① 爆破切口采取"竹排＋帆布篷布＋钢丝网"三重防护,特别注重于切口两侧部位的防护。

　　② 为了减少烟囱倒塌时的塌落振动强度和烟囱倒地时碎块的飞溅,应在烟囱预计倒塌范围四周挖减震沟。

③ 在宿舍楼和车库迎爆区的窗户上挂帆布篷布。

④ 对上、下缺口处爆破体进行覆盖防护,对上部加强防护。

⑤ 下部起爆网路的防护:为了防止下部起爆网路被先爆上部影响,可搭设顶棚遮挡。

⑥ 爆破部位采用胶皮网-草袋进行覆盖防护,西北侧和西南侧搭设钢管排架,上覆双层胶皮网。

⑦ 在冷却塔倒塌方向路径上用沙袋设置 3 座减振防护堤。

⑧ 采用高压水枪向冷却塔喷洒水雾,降低粉尘产生量。

第 12 章
双曲冷却塔拆除爆破设计

12.1 导论

集水池多为在地面下约 2 m 深的圆形水池。塔身为有利于自然通风的双曲线形无肋无梁柱的薄壁空间结构,多用钢筋混凝土制造。冷却塔通风筒包括下环梁、筒壁、塔顶刚性环 3 部分。下环梁位于通风筒壳体的下端,风筒的自重及所承受的其他荷载都通过下环梁传递给斜支柱,再传到基础。筒壁是冷却塔通风筒的主体部分,它是承受以风荷载为主的高耸薄壳结构,对风十分敏感。其壳体的形状、壁厚必须经过壳体优化计算和曲屈稳定来验算,是优化计算的重要内容。塔顶刚性环位于壳体顶端,是筒壳在顶部的加强箍,它加强了壳体顶部的刚度和稳定性。

斜支柱为通风筒的支撑结构,主要承受自重、风荷载和温度应力。斜支柱在空间是双向倾斜的,按其几何形状有"人"字形、"V"字形和"X"字形柱,截面通常有圆形、矩形、八边形等。一般按双抛物线设计,基础主要承受斜支柱传来的全部荷载,按其结构形式分有环形基础(包括倒"T"形基础)和单独基础。基础的沉降对壳体应力的分布影响较大、敏感性强。故斜支柱和基础在冷却塔优化计算和设计中亦显得十分重要。双曲冷却塔如图 12.1 所示。

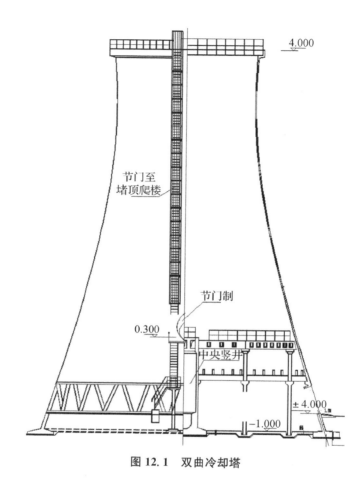

4.000

节门至
堵顶爬楼

节门制

0.300

中央竖井

±4.000

-1.000

图 12.1 双曲冷却塔

12.2 双曲冷却塔拆除爆破设计流程

12.2.1 爆破方案

为了加快施工进度,确保施工工期,冷却塔先采取开窗口、断钢筋预留支撑板块,定向控制爆破,根据待拆冷却塔周围环境条件,倾倒中心线为(_____)。倒塌后采用液压破碎锤破碎,挖掘机挖装,自卸汽车运输到弃渣厂的机械化施工方案。

12.2.2 爆破参数设计

1) 爆破切口参数设计

切口长度:根据切口各组织部分不同取不同长度。其中人字柱部分缺口长度 $L_1 = 1/2C_1$,圈梁部分缺口长度 $L_2 = 220/360C_2$,塔身缺口长度 $L_3 = 230/360C_3$。其中 C_1 为人字柱底部周长(m);C_2 为圈梁处的周长(m);C_3 为塔身切口处的周长(m)。

切口高度 h:塔身切口高度 h_3 取圈梁半径(_____m)的 $1/2 \sim 1/3$,实取 $h = h_1 + h_2 + h_3 = ($_____m$)$,其中 h_1 为立柱高度,h_2 为圈梁高度。

其中立柱和圈梁采用爆破方法,薄壁部分预先用机械开成(_____)个减荷槽,减荷窗采用矩形布置,高×宽=(_____m)×(_____m),间距取(_____m);定向窗设置在两端。一定要把定向窗口、圈梁及其下部拉通,形成一个空间,以保证整个爆破切口的圈梁两头切断,使塔身能在重力作用下坐塌下来。

2) 爆区参数设计

塔壁:塔壁厚度 δ_3 为(_____m),孔深 $l_3 = 2/3\delta_3 = ($_____m$)$,最小抵抗线 $W_3 = 0.5\delta_3$,孔距 $a_3 = (1.4 \sim 2)W_3 = ($_____m$)$,排距 $b_3 = (0.85 \sim 1.0)a_3 = ($_____m$)$,取炸药单耗 $q_3 = (1.0 \text{ kg/m}^3)$,单孔药量 $Q_3 = a_3q_3b_3 = ($_____kg$)$。单排孔数 $n_3 = L_3/a_3 = ($_____$)$个,排数 $m_3 = h_3/b_3 = ($_____$)$排,总孔数 $N_3 = m_3n_3 = ($_____$)$个,塔壁总药量$=Q_3N_3 = ($_____kg$)$。

圈梁:(_____m)×(_____m)的钢筋混凝土结构,布置水平孔,厚度 $\delta_2 = ($_____m$)$,孔深 $l_2 = 2/3\delta_2 = ($_____m$)$,最小抵抗线 $W_2 = 0.5\delta_2$,孔距 $a_2 = (1.4 \sim 2)W_2 = ($_____m$)$,排距 $b_2 = (0.85 \sim 1.0)a_2 = ($_____m$)$,取炸药单耗 $q_2 = (2 \text{ kg/m}^3)$,单孔药量 $Q_2 = a_2q_2b_2 = ($_____kg$)$。单排孔数 $n_2 = 50\%L_2/a_2 = ($_____$)$个,排数 $m_2 = h_2/b_2 = ($_____$)$排,总孔数 $N_2 = m_2n_2 = ($_____$)$个,圈梁总药量$=Q_2N_2 = ($_____kg$)$。

人字柱:(_____m)×(_____m)的钢筋混凝土柱子,布置水平孔,厚度 $\delta_1 = ($_____m$)$,孔深 $l_1 = 2/3\delta_1 = ($_____m$)$,最小抵抗线 $W_1 = 0.5\delta_1$,孔距 $a_1 = (1.4 \sim 2)W_1 = ($_____m$)$,排距 $b_1 = (0.85 \sim 1.0)a_1 = ($_____m$)$,取炸药单耗 $q_1 = (1.5 \text{ kg/m}^3)$,单孔药量 $Q_1 = a_1q_1b_1 = ($_____kg$)$。总共爆破(_____)组人字柱,总孔数 $N_1 = ($_____m$)$,人字柱总药量$=Q_1N_1 = ($_____kg$)$。

为了确定合理的实际单孔装药量,倾倒爆破前,应在冷却塔的不同爆破部位

（塔壁、圈梁、人字柱处）按设计药量进行局部试爆，根据试爆的结果确定实际采用的单孔装药量。

12.2.3　预处理

1）冷水塔内部的梁、柱、水槽和分流栅组成的淋水系统在爆破前用机械预先拆除。

2）13 个减荷窗按设计要求使用机械预拆除。

12.2.4　起爆网路设计

为了确保爆破安全，除起爆雷管外，起爆网路采用导爆管起爆网路，孔内、孔外全部采用导爆管毫秒雷管，按设计要求顺序延时起爆。冷却塔各部位起爆时差为：人字立柱孔内全部使用 MS5 段导爆管毫秒雷管，切口塔壁保留板块、圈梁炸点孔内全部使用 MS7 段导爆管毫秒雷管，孔外连接雷管全部使用 MS1 段导爆管毫秒雷管。冷却塔人字柱的药包及圈梁、筒壁相邻药包分别组成簇联网路，由二发 MS1 导爆管雷管连接一组簇联网路，同一冷却塔的各组 MS1 导爆管雷管形成网格式闭合起爆网路，可以确保网路传爆的可靠性。

12.2.5　安全防护设计

1）爆破振动的控制与防护

（1）爆破振动

$$V = KK'\left(\frac{\sqrt[3]{Q}}{R}\right)^{\alpha} 、 \quad Q_{\max} = R^3\left(\frac{[V]}{KK'}\right)^{3/\alpha} 、 \quad R = \left(\frac{KK'}{V}\right)^{1/\alpha} Q^{1/3}$$

以 $Q=($_____kg$)$，$R=($_____m$)$，$K=(100)$，$\alpha=2.0$，$K'=0.5$ 代入上式计算，得到 $V=($_____cm/s$)$，根据《爆破安全规程》（GB 6722—2014）规定，一般民用建筑允许的爆破振动速度 $V=(3\ \mathrm{cm/s})$。

或者：根据上述公式，按国标规定，（_____）安全允许振动速度 $[V]=$（_____cm/s），（_____）$[V]=$（_____cm/s），以 $K=(100)$、$\alpha=(2.0)$、$K'=0.5$、$R=($_____m$)$ 和（_____m）及上述数值分别代入，得 $Q_{\max}=$（_____kg）。爆破时只要单响药量不超过（_____kg）（合预裂孔），爆破振动对周围建筑物就没有危害。

又或：根据上述公式，按国标规定，（_____）安全允许振动速度 $[V]=$

（3.0 cm/s），以 $K=(100)$、$\alpha=(2.0)$、$K'=0.5$ 及上述数值分别代入，计算距办公楼不同距离时的最大段发装药量 Q_{max}，如表 12.1 所示。

表 12.1　最大段发装药量 Q_{max}

R/m	10	20	30	50	80	100	150
Q_{max}/kg							

注：深孔爆破 10~50 Hz：土窑土坯房=0.7~1.2 cm/s；砖房=2.3~2.8 cm/s；钢筋混凝土=3.5~4.5 cm/s；建筑物古迹=0.2~0.4 cm/s；水工隧道=7~15 cm/s；交通隧道=10~20 cm/s；矿山巷道=15~30 cm/s；发电站及发电中心=0.5 cm/s。

（2）冲击波安全允许距离

$$R_k = 25\sqrt[3]{Q}$$

R_k 为空气冲击波对掩体内避炮作业人员的安全允许距离，cm；Q 为最大段药量，kg。

（3）个别飞散物安全允许距离

$$L = 70q^{0.58}$$

q 为炸药单耗，kg/m³。

2）安全防护措施

（1）爆破切口采取"竹排＋帆布篷布＋钢丝网"三重防护，特别注重于切口两侧部位的防护。

（2）为了减少烟囱倒塌时的塌落振动强度和烟囱倒地时碎块的飞溅，应在烟囱预计倒塌范围四周挖减震沟。

（3）在宿舍楼和车库迎爆区的窗户上挂帆布篷布。

（4）对上、下缺口处爆破体覆盖进行防护，对上部加强防护。

（5）下部起爆网路的防护：为了防止下部起爆网路被先爆上部影响，可搭设顶棚遮挡。

（6）爆破部位采用胶皮网-草袋进行覆盖防护，在西北侧和西南侧搭设钢管排架，上覆双层胶皮网。

（7）在冷却塔倒塌方向路径上用沙袋设置 3 座减振防护堤。

（8）采用高压水枪向冷却塔喷洒水雾，降低粉尘产生量。

第 13 章 基础拆除爆破设计

13.1 导论

基础是指建筑物地面以下的承重结构,如基坑、承台、框架柱、地梁等。基础是建筑物的墙或柱子在地下的扩大部分,其作用是承受建筑物上部结构传下来的荷载,并把它们连同自重一起传给地基。

13.2 基础拆除爆破设计流程

13.2.1 爆破方案

待拆除基础[长 L(_____m)、宽 B(_____m)、高 H(_____m)]采用浅孔控制爆破技术,利用小药量、毫秒延时起爆网路和合理爆破参数来控制爆破振动和爆破飞石;预留部分与待拆除边界采用切割爆破;爆破前应将基础四周挖空,露出基础侧向临空面,宽度不限,深度至基础下 10～20 cm。

13.2.2 爆破参数设计

1) 拆除区参数设计

(1) 钻孔方向:垂直钻孔;

(2) 孔径 d=(38～42 mm),取 d=(40 mm);

(3) 最小抵抗线 W:W=(0.3～0.5 m),取 W=(_____m);

（4）炮孔深度 L_1：$L=0.8H$，$L_1=$（_____ m）；

（5）孔距 a：$a=(1.0\sim1.5)W$，取 $a=$（_____ m）；

（6）排距 b：$b=W$，$b=$（_____ m）；

（7）炸药单耗 q：根据经验，取 $q=$（_____ kg/m³）；

（8）单孔装药量 Q：$Q=qabH=$（_____）=（_____ kg），取 $Q=$（_____ kg）；

（9）孔数 N：单排孔数 $=L/a-1=$（_____），排数 $=B/b-1=$（_____），孔数 N=（_____）；

（10）装药结构：孔深 $L=$（_____）W，分四层装药：底药包药量（_____ g），中部2个药包药量均为（_____ g），上部药包药量（_____ g），填塞长度40 cm。各药包用导爆索连成串后用导爆管毫秒雷管起爆。

炮眼深度	装药层数与药量分配			
	上层药包	第二层药包	第三层药包	第四层药包
$l=(1.6\sim2.5)W$	0.4Q	0.6Q	—	—
$l=(2.6\sim3.7)W$	0.25Q	0.35Q	0.4Q	—
$l>3.7W$	0.15Q	0.25Q	0.25Q	0.35Q

2）切割爆破参数设计

（1）钻孔方向：垂直钻孔；

（2）孔径 $d_1=$（38~42 mm），取 $d_1=$（40 mm）；

（3）孔距 a_1：$a_1=$（40~50 cm），取 $a_1=$（_____ m）；

（4）炸药单耗 λ：根据经验，取 $\lambda=$（60 g/m²）；

（5）单孔装药量 Q_1：$Q_1=\lambda a_1 H=$（_____ kg），取 $Q_1=$（_____ kg）；

（6）装药结构：连续装药结构。

13.2.3 起爆网路设计

孔内外毫秒延期网路。

本工程采用导爆管毫秒延时起爆网路，主爆区采用孔内高段，孔外低段接力起爆网路，孔内段别为 MS10，孔外同排间炮孔用 MS3 段接力、排与排之间用 MS5 段接力。预裂孔要先于主爆区 75ms 起爆。切割孔内用 MS10 段雷管，孔外用 MS1 段雷管与主爆区同网路起爆，此时主爆区第一段前接 MS4 段雷管。

13.2.4　安全防护设计

1) 爆破振动的控制与防护

（1）爆破振动

$$V=KK'\left(\frac{\sqrt[3]{Q}}{R}\right)^{\alpha}、\quad Q_{max}=R^3\left(\frac{[V]}{KK'}\right)^{3/\alpha}、\quad R=\left(\frac{KK'}{V}\right)^{1/\alpha}Q^{1/3}$$

以 $Q=(\underline{\qquad}$ kg$)$,$R=(\underline{\qquad}$ m$)$,$K=(100)$,$\alpha=2.0$,$K'=0.5$ 代入上式计算,得到 $V=(\underline{\qquad}$ cm/s$)$,根据《爆破安全规程》(GB 6722—2014)规定,一般民用建筑允许的爆破振动速度 $V=(3\text{ cm/s})$。

或者:根据上述公式,按国标规定,$(\underline{\qquad})$安全允许振动速度$[V]=$ $(\underline{\qquad}$ cm/s$)$,$(\underline{\qquad})$ $[V]=(\underline{\qquad}$ cm/s$)$,以 $K=(100)$、$\alpha=(2.0)$、$K'=0.5$、$R=(\underline{\qquad}$ m$)$ 和 $(\underline{\qquad}$ m$)$ 及上述数值分别代入,得 $Q_{max}=$ $(\underline{\qquad}$ kg$)$。爆破时只要单响药量不超过$(\underline{\qquad}$ kg$)$（合预裂孔）,爆破振动对周围建筑物就没有危害。

又或:根据上述公式,按国标规定,$(\underline{\qquad})$安全允许振动速度$[V]=$ (3.0 cm/s),以 $K=(100)$、$\alpha=(2.0)$、$K'=0.5$ 及上述数值分别代入,计算距办公楼不同距离时的最大段发装药量 Q_{max},如表 13.1 所示。

表 13.1　最大段发装药量 Q_{max}

R/m	10	20	30	50	80	100	150
Q_{max}/kg							

注:深孔爆破 10~50 Hz:土窑土坯房$=0.7~1.2$ cm/s;砖房$=2.3~2.8$ cm/s;钢筋混凝土$=3.5~4.5$ cm/s;建筑物古迹$=0.2~0.4$ cm/s;水工隧道$=7~15$ cm/s;交通隧道$=10~20$ cm/s;矿山巷道$=15~30$ cm/s;发电站及发电中心$=0.5$ cm/s。

（2）冲击波安全允许距离

$$R_k=25\sqrt[3]{Q}$$

R_k 为空气冲击波对掩体内避炮作业人员的安全允许距离,cm;Q 为最大段药量,kg。

（3）个别飞散物安全允许距离

$$L=70q^{0.58}$$

q 为炸药单耗,kg/m³。

2）安全防护措施

（1）爆破切口采取"竹排＋帆布篷布＋钢丝网"三重防护，特别注重于切口两侧部位的防护。

（2）为了减少烟囱倒塌时的塌落振动强度和烟囱倒地时碎块的飞溅，可在烟囱预计倒塌范围四周挖减震沟。

（3）在宿舍楼和车库迎爆区的窗户上挂帆布篷布。

（4）对上、下缺口处爆破体进行覆盖防护，对上部加强防护。

（5）下部起爆网路的防护：为了防止下部起爆网路被先爆上部影响，可搭设顶棚遮挡。

（6）爆破部位采用胶皮网-草袋进行覆盖防护，西北侧和西南侧搭设钢管排架，上覆双层胶皮网。

（7）在冷却塔倒塌方向路径上用沙袋设置3座减振防护堤。

（8）采用高压水枪向冷却塔喷洒水雾，降低粉尘产生量。

3）爆破警戒范围

根据《爆破安全规程》(GB 6722—2014)规定，露天深孔爆破安全距离按设计但不得小于200 m，城镇浅孔爆破由设计确定。由于设计采用控制爆破技术，同时对爆区做了多层覆盖，确定安全警戒范围为(_____m)。

第 14 章
桥梁拆除爆破设计

14.1 导论

根据受力情况可将桥梁分为:梁桥、拱桥、刚架桥、悬索桥、组合体系桥。

桥梁拆除爆破应遵循的原则是:根据其结构的受力情况,结合环境条件采用失稳原理确定爆破拆除总体方案,根据结构及用料特征确定施工工艺。

① 破坏主要支撑体系——墩、台。有条件采用深孔作业时,优选深孔爆破工艺。

② 破坏主要平衡体系。在拱、梁组合体系中,单独破坏梁或拱的平衡不是桥梁坍塌的充要条件;同样在梁、索组合体系中,单独破坏索或梁也不是桥梁坍塌的充要条件。应充分考虑拱、梁、索、墩(台)同时丧失平衡条件,特别在需保留墩(台)的要求下,还应考虑爆破瞬间力系变化及可能出现意外的附加作用力。

14.2 桥梁拆除爆破设计流程

14.2.1 爆破方案

采用浅孔爆破法对桥梁进行"切梁""断墩",使其可靠塌落。桥墩从水面以上0.5 m处布孔。采用延时起爆网路,从桥梁西端开始起爆,使桥梁按梁墩顺序实现逐跨倒塌。利用桥体塌落碰撞进行二次破碎,对难以运输的大块进行二次爆破,直到满足运输要求。

14.2.2 爆破参数设计

1）爆破切口高度

（1）桥墩的失稳切口高度

$$H_{\min}=K(h_g+B), \quad h_g=50d$$

式中，$H_{\min}$为钢筋混凝土失稳的最小切口；K为系数，$K=1.5\sim2.6$；B为承重桥墩截面的最大边长；d为主筋直径。

（2）桥墩形成"铰"的爆破切口高度

$$H=(1.0\sim1.5)B$$

这里爆破切口高度取（_____m）。

2）爆区参数设计

（1）桥面

桥面厚δ_1（_____m），垂直孔，孔径40 mm；最小抵抗线W_1，$W_1=\delta_1/2$，取$W_1=$（_____m）；孔距$a_1=(1\sim2)W_1$，取$a_1=$（_____m）；排间距$b_1=0.85a_1$，$b_1=$（_____m）；孔深$L_1=0.8H_1$，$L_1=$（_____m）；在每跨的中部钻孔3排，排距（_____m），每跨钻孔（_____）个。取单耗0.4～0.55 kg/m³，每孔装药量$Q_1=q_1a_1b_1L_1$。

（2）拱肋/桥面主梁

拱肋/桥面主梁宽（_____m），高（_____m），桥面垂直双排孔，孔径40 mm；最小抵抗线W_2，$W_2=\delta_2/2$，取$W_2=$（_____m）；孔距$a_2=(1\sim2)W_2$，取$a_2=$（_____m）；孔深$L_2=0.8H_2$，$L_2=$（_____m）；每根梁在拱脚处钻孔3个，每跨钻孔（_____）个，共计拱脚孔（_____）个。取单耗0.4～0.55 kg/m³，每孔装药量$Q_2=q_2a_2\delta_2H_2$。

（3）桥墩

桥墩长（_____m），宽（_____m），桥墩宽面水平孔，孔径40 mm；最小抵抗线W_3，墩大通常取30～50 cm，较小$W_3=\delta_3/2$，取$W_3=$（_____m）；炮孔间距$a_3=(1.0\sim1.6)W_3$，取$a_3=$（_____m）；排间距$b_3=0.85a_3$，$b_3=$（_____m）；钻孔（_____）排；孔深$L_3=\delta-W_3$，$L_3=$（_____m）；取单耗0.4～0.55 kg/m³，每孔装药量$Q_3=q_3a_3b_3L_3$，均分两层装药。每个桥墩钻孔（_____）个，装药（_____kg）；（_____）个桥墩共计钻孔（_____）个，装药（_____kg）。

注：在实际施工中根据爆破效果和周围环境对以上相关参数进行调整。

3）装药结构设计

装药结构肋梁与桥墩均采用分段装药结构,肋梁孔分 3 段装药,桥墩分 4 段装药。

14.2.3　起爆网路设计

采用导爆管延时接力起爆网路,由西南端向东北端延时接力起爆。各炮孔内装 HS6 段半秒差延时导爆管雷管,各桥墩之间采用 MS9 段毫秒延时接力。导爆管雷管长度不够时用 MS1 段导爆管雷管接力。所有接力网路均采用复式网路。

14.2.4　安全防护设计

1）爆破振动的控制与防护

（1）爆破振动

$$V = K \left(\frac{\sqrt[3]{Q}}{R} \right)^{\alpha}$$

以 $Q = ($＿＿＿＿$\mathrm{kg})$,$R = ($＿＿＿＿$\mathrm{m})$,$K = (32.1)$,$\alpha = (1.54)$代入上式计算,得到 $V = ($＿＿＿＿$\mathrm{cm/s})$,根据《爆破安全规程》（GB 6722—2014）规定,以"工业和商业建筑物"的安全允许质点振动速度 3.5～4.5 cm/s 为标准,所以,该爆破对厂房和仓库没有影响。

（2）个别飞散物安全允许距离

$$L = 70q^{0.58}$$

将炸药单耗 $q = ($＿＿＿＿$\mathrm{kg/m^3})$代入 $L = ($＿＿＿＿$\mathrm{m})$。

2）安全防护措施

采取以下技术措施控制个别飞散物的飞散距离:

（1）严格按设计药量装药,保证填塞质量;

（2）在桥面孔口部位先压沙袋,再在其上盖废旧胶带;

（3）在桥墩爆破部位的砖混楼房方向用草袋、竹笆、工程防护网等防护材料进行三层防护。

3）爆破警戒范围

为了防止上部结构落水引发的涌浪对附近的水上设施、岸边堤坝等构成威胁或破坏,桥梁爆破时,上下游 1 000 m 范围内禁止游泳和船舶航行;陆上警戒距离取 200 m。

第 15 章
爆破工程技术人员考核范围及近年真题

15.1　考试形式和试卷题型结构

1）考试方式及考试时间

考试方式为笔试（闭卷）。高级/A、高级/B、中级/C 笔试 240 分钟；初级/D 笔试 180 分钟。

2）试卷选择方式

由计算机从试卷库中随机选卷、密封。

3）试卷分值

试卷满分为 100 分，60 分及以上为及格。

4）试卷题型结构

（1）高级/A：问答题 10 道题，每题 5 分，共计 50 分；设计题 2 道题，每题 25 分，共计 50 分（按 A 级爆破工程设计施工出题）。

（2）高级/B：问答题 10 道题，每题 5 分，共计 50 分；设计题 2 道题，每题 25 分，共计 50 分（按 B 级爆破工程设计施工出题）。

（3）中级/C：问答题 10 道题，每题 5 分，共计 50 分；设计题 2 道题，每题 25 分，共计 50 分（按 C 级爆破工程设计施工出题）。

（4）初级/D：填空题 10 道题，每题 2 分，计 20 分；问答题 6 道题，每题 5 分，计 30 分；设计题 2 题，每题 25 分，计 50 分（按 D 级爆破工程设计施工出题）。

15.2 考试内容

15.2.1 岩土和拆除爆破基础理论

1）绪论

（1）爆破技术的历史、现状与发展前景；

（2）爆破的基本特点、方法与技术；

（3）爆破相关法律、法规、规范和标准。

2）炸药与爆炸基本理论

（1）爆炸及其分类，炸药化学变化的基本形式；

（2）炸药起爆的基本理论、起爆能和炸药感度，影响炸药感度的因素；

（3）炸药爆轰理论，爆轰波稳定传播的条件；

（4）炸药的氧平衡与热化学参数；

（5）炸药的爆炸性能。

3）爆破器材

（1）工业炸药的定义与分类，爆破对工业炸药的基本要求；

（2）常用起爆器材及爆破专用仪表的分类、性能与应用；

（3）炮孔装药机械；

（4）爆破器材的检验与销毁。

4）起爆技术

（1）电力起爆法与电爆网路；

（2）导爆管雷管起爆法与导爆管起爆网路；

（3）混合网路起爆法；

（4）各类起爆方法的特点、适用条件，起爆网路的敷设与检查。

5）爆破工程地质

（1）岩石分类及基本性质；

（2）岩石的可钻性、可爆性分级；

（3）地形、地质条件对爆破效果的影响；

（4）爆破对工程周边地质条件的影响；

（5）爆破工程地质勘察的基本要求、内容和方法。

6）岩土爆破理论

（1）爆破理论的发展阶段与最新成果；

（2）爆炸应力波传播与爆炸气体膨胀作用；

（3）爆破破碎机理与爆破作用破坏模式；

（4）爆破漏斗的基本形式与几何尺寸；

（5）利文斯顿爆破漏斗理论；

（6）装药量计算原理与计算公式；

（7）炸药性能、岩石特性与相关因素对爆破作用的影响；

（8）爆破过程数值模拟、步骤及典型爆破模型。

7）露天爆破

（1）露天浅孔、深孔爆破设计及施工；

（2）光面（预裂）爆破的适用条件、设计与施工技术及质量评价；

（3）硐室爆破的设计原则、药包布置、爆破参数的选择与计算；

（4）城镇浅孔爆破与复杂环境深孔爆破的设计与施工；

（5）露天高温爆破的特点及作业程序。

8）地下爆破

（1）金属（非金属）矿地下采矿爆破；

（2）煤矿井下爆破的特点与安全措施；

（3）特殊矿床的开采爆破；

（4）高温硫化矿爆破的特点和安全作业措施；

（5）水电工程地下硐室群的爆破设计与施工。

9）井巷掘进爆破

（1）平巷掘进爆破炮孔布置与参数确定；

（2）井筒掘进爆破炮孔布置与参数确定；

（3）斜井爆破的特点与应用实例；

（4）隧道掘进爆破的开挖方法、掏槽形式、周边孔光面（预裂）爆破等设计计算。

10）水下爆破

（1）水下爆炸冲击波理论与分析计算；

（2）水下炸礁、水下岩土爆破开挖技术特点、设计施工与工程应用；

（3）水下软基爆破处理技术与工程应用；

（4）水下岩塞爆破的技术特点与设计施工；

（5）水下爆破有害效应分析与安全防护。

11）拆除爆破

（1）拆除爆破的技术特点，被拆除建（构）筑物的类别；

（2）拆除爆破的技术原理；

（3）拆除爆破工程设计、预拆除安排与对周围环境的安全防护措施；

（4）楼房、厂房、高耸构筑物、桥梁等建（构）筑物的爆破拆除与工程应用，建筑物塌落振动的预测和控制措施；

（5）大型块体、基础、支撑类构筑物的爆破拆除原则与工程应用；

（6）挡水围堰拆除与岩坎爆破设计施工；

（7）水压爆破拆除设计施工与工程应用。

12）爆破施工机械

（1）钻孔机械分类、性能与钻孔施工技术；

（2）炮孔装药机械的新进展、特点、分类与适用范围；

（3）二次破碎及挖、装、运机械的分类、技术指标与机械配套设计。

13）爆破安全技术和环境保护

（1）外来电流的危害与预防；

（2）爆破振动的安全判据和安全允许距离，爆破振动有害效应的控制；

（3）爆破冲击波的安全判据和安全允许距离，爆破冲击波的控制与防护；

（4）爆破个别飞散物的飞散距离和安全允许距离，爆破个别飞散物的控制与防护；

（5）降低爆破噪声、爆破粉尘的技术措施，爆破作用范围内水中生物的保护和安全距离；

（6）爆破有害气体的危害范围和允许浓度，爆破有害气体的预防措施。

14）爆破工程安全管理

（1）《刑法》相关规定；

（2）《治安管理处罚法》相关规定；

（3）《民用爆炸物品安全管理条例》国务院令第 466 号；

（4）《爆破安全规程》（GB 6722—2014）；

（5）《民用爆炸物品储存库治安防范要求》（GA 837—2009）；

（6）《小型民用爆炸物品储存库安全规范》(GA 838—2009)；

（7）《爆破作业单位资质条件和管理要求》(GA 990—2012)；

（8）《爆破作业项目管理要求》(GA 991—2012)；

（9）《爆破作业人员资格条件和管理要求》(GA 53—2015)。

15.2.2　特种爆破基础理论

1）岩土和拆除爆破基础理论中的 1、2、3、4、5、6、13、14 等 8 个部分。

2）爆炸加工

（1）爆炸焊接与爆炸复合；

（2）爆炸成形与合成；

（3）爆炸消除焊接残余应力与硬化。

3）聚能爆破

（1）炸药爆炸的聚能原理；

（2）聚能药包结构设计；

（3）各类聚能装药及其作用特点与工程应用。

4）油气井燃烧爆破

（1）油气井井身结构与爆破特点；

（2）油层的聚能射孔与压裂技术；

（3）井下聚能切割；

（4）爆炸整形和加固技术；

（5）高能气体压裂技术。

5）地震勘探爆破

（1）爆破激震方式选择和设计；

（2）激发条件对激震效果的影响；

（3）钻井施工与工程应用。

15.2.3　专业设计

1）申请高级/A 的考生，应具有扎实的爆破理论和工程实践经验，具备熟练承担、指导 A 级及以下爆破工程设计施工、组织管理和正确分析且妥善处置爆破事故的能力，答题有很高的广度、深度，有较强的创新研究能力。

2）申请高级/B 的考生，应具有扎实的爆破理论和工程实践经验，具备熟练承担、指导 B 级及以下爆破工程设计施工、组织管理和正确分析且妥善处置爆破事故的能力,答题有较高的广度、深度,有一定的创新研究能力。

3)申请中级/C 的考生,应具有一定的爆破基础与专业理论知识,具备承担、指导 C 级及以下爆破工程设计施工和组织管理能力,答题有一定的广度和深度,有自己的独立见解。

4)申请初级/D 的考生,应具有一定的爆破基础与专业理论知识,熟悉工程爆破技术与工艺,能进行 D 级爆破工程的设计和施工及一般安全处置工作,答题正确、完整。

15.3 面试考核部分

15.3.1 考核目标

通过面试全面考核考生的基础理论、专业知识、安全意识和综合能力,考察其是否具备相应级别爆破工程的设计施工和组织管理的实践经验及能力。

15.3.2 考核形式

1. 参加理论考核的考生全部参加面试。

2. 面试时间每人 10～20 分钟。

3. 面试考核经 2 名以上考核专家组成的专家组集体讨论评分,给出及格或不及格的结论。

15.3.3 考核内容

由考核专家根据考生的如下情况在面试中进行提问:

1. 资历证明,包括学历、学位证书,从事爆破作业的时间、经历和获奖证明等;

2. 工作业绩证明,包括主持爆破作业项目设计施工的证明、设计文件等;

3. 理论考核中的相关问题等。

理论考核和面试考核全部及格视为考核合格。

15.4　近年真题

15.4.1　问答题

1.《爆破安全规程》(GB 6722—2014)里对爆破器材的运输有何规定?

2. 在瓦斯与煤尘爆炸危险工作面使用雷管有什么规定?

3. 如何确定炮孔爆破的填塞长度?

4. 露天深孔爆破工程在选择钻机型号时应考虑哪些因素?

5. 试述数码电子雷管的分类。

6. 民用爆炸物品从业单位的主要负责人及单位安全管理有哪些规定?

7. 怎样实行安全监理?

8. 怎样销毁爆破器材?

9. 拆除爆破的倒塌方式?

10. 简述一下深孔爆破布孔方式。

11. 爆破冲击波对导爆管网路是否有影响?

12. 填塞炮孔的作用及影响因素。

13. 什么是爆炸? 爆炸分为哪几种形态?

14. 什么是工业雷管的段数?

15. 电力起爆法施工工序有哪些环节?

16. 何谓岩体结构面?

17. 城镇浅孔爆破为了爆炸安全,应当注意哪些问题?

18.《民用爆炸物品安全管理条例》的适用范围是什么?

19. 安全导爆索与普通导爆索有什么区别?

20. 影响爆破网路可靠性的主要因素有哪些? 怎样预防?

21. 自由面对爆破应力波的传播有何影响?

22. 预裂、光面爆破质量验收的内容有哪些?

23. 试以图说明爆破漏斗的几何参数。

24. 国家对民用爆炸物品实行许可证制度,其许可证制度包括哪些内容?

25. 炸药起爆能有哪些? 简述各自含义。

26. 使用电起爆网路时,需要做哪些检查和检测工作?

27. 结合图形说明深孔台阶爆破平面的布孔方式。

28. 爆破作业引起瓦斯、煤尘爆炸的原因是什么？

29. 在拆除爆破中，采用折叠倒塌爆破的优缺点。

30. 根据《爆破安全规定》(GB 6722—2014)，爆破安全评估的依据有哪些？

31. 影响炸药爆速的因素有哪些？

32. 怎样检查爆破器材的外观质量？

33. 什么叫自由面？它与爆破效果有什么关系？

34. 试述路堑爆破的布孔方式。

35. 拆除爆破时，有哪些措施可以降低爆炸粉尘的危害性？

36. 同一库房内允许民爆物品共存的基本原则是什么？

37. 殉爆距离在工程爆破中有何作用？

38. 数码电子雷管的优点有哪些？

39. 简述岩体结构面的产状三要素。

40. 试述城镇浅孔爆破的特点及其防护方法。

41. 爆破工程存在哪些安全方面的危险？

42. 对违反《民用爆炸物品安全管理条例》的哪些规定要进行处罚？处罚规定有哪些？

43. 什么是炸药的做功能力？什么是炸药爆力？

44. 用雷管链接导爆索时，雷管聚能穴的方向有什么要求，为什么？

45. 什么是应力波？什么是爆炸应力波？

46. 拆除爆破、地下巷道掘进、露天深孔爆破应重点分别考虑哪些危害因素？

47. 拆除爆破工程设计的步骤和内容有哪些？

48. 《爆破安全规程》(GB 6722—2014)中关于爆破安全监理的内容有哪些？

49. 准确解释下列术语及定义：爆破作业；爆破环境；爆破有害效应；爆破作业人员。

50. 拆除爆破中装药、填塞、覆盖防护应注意什么？

51. 雷雨天气下怎样避免早爆？

52. 爆破作业引起瓦斯、煤尘爆炸的原因是什么？

53. 什么是合理的填塞长度？

54. 民用爆破从业单位违反哪些民爆物品管理条例规定需接受处罚？具体的处罚措施有哪些？

15.4.2 岩土爆破设计题

1. 某露天剥离工程,爆破岩石为泥岩和泥砂岩互层,岩石普氏系数 $f = 4 \sim 5$,台阶高度为 12 m,炮孔直径 120 mm,垂直梅花形布孔,采用乳化炸药,导爆管毫秒雷管起爆。爆区距离居民区 300 m。(2017.12.29 安徽)

2. 路堑爆破,垂直与水平比为 1：0.3,3 万 m^3。路堑宽 19 m,深 5 ~ 7 m。$f = 6 \sim 8$,请写出设计参数。

3. 某办公大楼通信管线工程,需开挖沟槽长 300 m,开挖断面:上口宽 1.5 m,底宽 1.0 m,开挖深度 2.0 m。周围无其他建筑设施,地势平坦,岩石为砂岩,中等风化,裂隙不发育,坚固性系数 $f = 7 \sim 9$。

4. 某办公大楼通信管线工程,需开挖沟槽长 300 m,开挖断面:上口宽 3.5 m,底宽 2.0 m,开挖深度 2.0 m。周围无其他建筑设施,地势平坦,岩石为砂岩,中等风化,裂隙不发育,坚固性系数 $f = 7 \sim 9$。

5. 某煤矿巷道断面形状为直墙半圆拱形,掘进断面墙高 1.6 m,宽 4.6 m,穿过的岩层主要为页岩,坚固性系数 $f = 6 \sim 8$。施工采用 YT-28 型气腿式风动凿岩机钻孔。

6. 某新建桥梁的主桥墩基坑需采取爆破方法开挖,开挖尺寸为长 11 m,宽 7 m,深 9 m,开挖岩体为石灰岩,节理不发育,普氏系数 $f = 8 \sim 10$,无地表水,不考虑地下水的影响。周围环境为:新建桥梁一侧与既有老桥并排,梁桥相距 100 m,另外三面为农田。

7. 某新建桥梁的主桥墩基坑需采取爆破方法开挖,开挖尺寸为长 9 m,宽 6 m,深 5 m,开挖岩体为石灰岩,节理不发育,普氏系数 $f = 8 \sim 10$,无地表水,不考虑地下水的影响。周围环境为:新建桥梁一侧与既有老桥并排,两桥相距 200 m,另外三面为农田。

8. 某采石场工程,爆破总方量为 1 300×104 m^3,爆破岩石普氏系数 $f = 8 \sim 12$,台阶高度为 15 m,炮孔直径 140 mm,周围环境较好。(2018.12.27 广东)

9. 某隧道宽 7 m,直墙高 5 m,上面为半圆拱,岩石 $f = 8 \sim 10$。(2018.12.26 湖北)

10. 某场地平整工程长 50 m、宽 30 m、高 7 ~ 9 m,周围 300 m 范围内无需保护建筑物。岩石为中等风化花岗岩。(2019.03.03 内蒙古)

11. 某井巷宽 4 m,直墙高 2.5 m,上面为半圆拱,岩石 $f=8\sim10$。(2019.11.09 广东)

设计要求:依据本工程,请选择合理的爆破施工方案;根据方案做出主要的技术设计步骤和相应的参数计算。

15.4.3 拆除爆破设计

1. 被拆除的砖烟囱高 35 m,底部外径 6.50 m、内径 4.90 m,壁厚 0.80 m(外壁厚 0.50 m、耐火砖内衬厚 0.24 m、间隙 0.06 m),烟囱底部正北侧有一尺寸为高×宽=1.8 m×1.5 m 的出灰口。周围环境为:待爆破拆除烟囱北侧 25 m 处为新建厂房,西侧 20 m 处为住宅楼房,东侧 30 m 处为办公楼房,正南方向为空地。

2. 某砖烟囱高约 30 m,底部外圆直径 5.00 m,内圆直径约 3.40 m。底部壁厚 0.80 m(外壁厚 0.5 m、内衬耐火砖 0.24 m、中间间隙 0.06 m),烟囱底部正东方向有一出灰口,尺寸为高×宽=1.8 m×1.5 m。周围环境为:正南方约 25 m 处为废弃的锅炉房;正西方 20 m 处为围墙;正北 40 m 处均有平房;正东方约 60 m 处为一小山包。

3. 某矿区有一座烟囱需爆破拆除,烟囱为砖砌结构,总高为 40 m,筒体下部直径为 4.5 m,壁厚为 0.75 m,无内衬。烟囱南侧 35 m 是锅炉房,北侧距离 80 m 处为办公大楼,西侧 50 m 处为停车场及绿化区,东侧为开阔地、无保护建筑物。

4. 某地有一座砖结构的烟囱需爆破拆除,烟囱地面以上部分 40 m 高,底部(外)直径 3.8 m,烟囱筒壁厚 0.65 m,内衬厚 0.24 m。烟囱外部环境:烟囱东边 120 m 处有一户民房,烟囱西边 60 m 处有一水泵房,其他方向 100 m 范围内没有需要保护的建筑物。

5. 待拆除烟囱为红砖砂浆砌筑,高 40 m,底部外圆周长 12.7 m,外径 4.05 m,内径 2.45 m。底部壁厚 0.80 m(外壁厚 0.49 m、内衬耐火砖 0.24 m、中间间隙 0.07 m),烟囱底部正东方向有一出灰口高 2 m、宽 1.5 m。周围环境良好。(2018.12.27 广东)

6. 一钢筋混凝土路面长 200 m,宽 25 m,厚 0.4 m,需进行爆破拆除。(2018.12.26 湖北)

7. 一楼房需爆破拆除,楼房为框架结构,分四层,底层层高 4 m,上面三层层高均为 3 m,总高 13 m;楼房长 36 m,宽 10 m,有三排立柱,每排 9 跨,每跨 4 m。立柱尺寸为 600 mm×1 200 mm。楼房周围 150 m 范围内为空地。(2019.03.08 内蒙古)

8. 混凝土基础拆除,基础尺寸:20 m×3 m×1 m(长×宽×高)。(2019.11.09 广东)

设计要求:简述爆破方案选择、钻爆参数设计、药量计算、爆破网路设计、爆破安全设计(含爆破切口示意图、炮孔布置示意图、起爆网路示意图)。

15.5　中级已经考过的题汇总

15.5.1　问答题

1. 根据《爆破安全规程》(GB 6722—2014)的规定,爆破工程施工组织设计应包括哪些内容?

2. 有哪些主要措施可以有效控制深孔爆破的个别飞石?

3. 爆破振动测试时,接收振动信号仪器及记录设备对频率有什么特殊要求?

4. 试述采用定向爆破拆除烟囱、水塔对场地的要求。

5. 水下钻孔爆破装药时,应注意哪些事项?

6. 煤矿井下爆破的炮孔填塞应用什么材料? 填塞长度应符合哪些要求?

7. 试分析光面爆破与预裂爆破的异同点。

8. 拆除爆破起爆网路具有哪些特点和要求?

9. 爆破振动与天然地震有何异同?

10. 框架结构拆除爆破设计与施工中应注意哪些问题?

11. 民用爆炸物品使用单位申请购买爆炸物品时,应当提交哪些材料?

12. 在有可燃(可爆)物及粉尘爆炸危险的场所实施爆破时,应采取哪些安全措施?

13. 防止爆破振动对建筑物的危害影响可采用哪些措施?

14. 简述基坑支撑拆除爆破的特点。

15. 高层楼房若周围最大倾倒范围均小于楼房高度时应如何进行爆破设计?

16. 试述水下爆破作业应考虑的因素及其对爆破器材的要求。

17. 爆破法处理卡在溜煤(矸)孔中的煤、矸时应遵守的规定。

18. 何谓最小抵抗线? 最小抵抗线对爆破工程有何意义?

19. 导爆管雷管起爆网路连接后应重点检查哪些部位？如何进行防护？有无更为安全可靠的连接器件？

20. 怎样检查爆破器材的外观质量？使用前还应注意什么？

21. 建筑物拆除爆破后出现未倒塌或未完全倒塌的事故时，在确定建筑物处于稳定状态的情况下应如何处置？

22. 爆破毒气产生的原因是什么？

23. 拆除爆破施工公告包括哪些内容？

24. 烟囱爆破拆除时，其倾倒必须满足的三个条件是什么？

25. 在养鱼场和有水产资源附近进行水下爆破作业应注意哪些问题？

26. 井下爆破预防有毒气体应采取哪些措施？

27. 试分析光面爆破与预裂爆破的异同点。

28. 孔内延期与孔外延期的区别是什么？

29. 爆破器材外观检查项目应包括哪些？

30. 经由道路运输民用爆炸物品时，应遵守《民用爆炸物品安全管理条例》中的哪些规定？

31. 根据《爆破作业项目管理要求》，爆破施工公告应包括哪些主要内容？

32. 哪些规定可以防止射频电对电爆网路产生早爆？

33. 人工装药时应注意的事项。

34. 简述拆除爆破主要参数的选取原则，怎样校核？

35. 水下裸露爆破的特点和使用条件有哪些？

36. 井下爆破预防有毒气体应采取哪些措施？

37. 巷道掘进爆破说明书包括哪些内容？

38. 简述地质构造中的薄弱带（面）对爆破的影响和作用是什么？

39. 简述导爆索起爆网路的检查内容。

40. 铵油炸药有哪些特点？我国常用的铵油炸药品种主要有哪些？

41. 爆破安全规程规定的工程技术人员的职责是什么？

42. 楔形掏槽和直眼掏槽的优缺点是什么？

43. 水下爆破装药应该注意什么？

44. 在有瓦斯的工作面爆破作业应该注意什么？

45. 电爆网路出现盲炮的因素是什么？

46. 竖直井巷掘进的特点是什么？

47. 桥梁拆除爆破的注意事项有哪些？

48. 炸药爆炸是怎样引起瓦斯爆炸的？

49. 岩石爆破影响填塞长度的因素有哪些？

50. 普通导爆管雷管与高精度导爆管雷管的区别有哪些？

51. 乳化炸药的成分有哪些？

52. 隧道的布孔方式都有哪些作用？

53. 爆破施工公告具体都包括哪些内容？

54. 岩石结构对爆破效果的影响有哪些？

55. 水下爆破时，水深对装药性能有何影响？

56. 导爆管毫秒雷管和电毫秒雷管爆破网路的特点有哪些？

57. 在瓦斯或粉尘爆炸危险环境实施爆破作业应采取哪些措施？

58. 烟囱等高耸建筑物的爆破拆除对场地有哪些要求？

59. 城镇浅孔爆破的特点有哪些？

60. 如何保证导爆管网路的准爆性？

61. 《爆破安全规程》(GB 6722—2014)中对用汽车运输爆破器材有哪些规定？

62. 试述拆除爆破个别飞散物控制的主要技术措施。

63. 在城镇实施爆破时，怎样控制爆破噪声？

64. 爆破引起自然边坡失稳的原因有哪些？

65. 试述拆除爆破炮孔直径、炮孔深度及填塞的原则。

66. 与陆地爆破方法相比，水下爆破还应特别防范哪些爆破危害效应？

67. 与露天深孔爆破相比，为何巷道掘进爆破的炸药单耗要明显偏大？

68. 简述城镇露天爆破有什么特点？怎样防护？

69. 简述导爆管雷管起爆网路的检查内容。

70. 简述爆破器材存储中违反规定的一些现象。

71. 《爆破作业单位资质条件和管理要求》规定的爆破作业单位项目负责人的职责有哪些？

72. 防止电爆网路出现拒爆有哪些措施？

73. 简述炸药爆炸引起瓦斯爆炸的原因。

74. 简述竖井掘进爆破的特点。

75. 桥梁爆破拆除应遵循的原则是什么？

76. 试述楔形掏槽和直孔掏槽的优缺点。

77. 炮孔爆破填塞的作用是什么？如何确定填塞长度？

78. 什么是单位耗药量？如何确定？

79. 普通导爆管雷管和高精度导爆管雷管的主要区别是什么？

80. 试简述氧平衡的分类、意义及其爆破工程中的应用。

81. 什么是雷管的段别？导爆管雷管按延期分为哪些系列？

82. 光面爆破在边坡控制中有什么作用？

83. 最小抵抗线和底盘抵抗线在爆破工程中有什么作用？

84. 与露天爆破相比，地下采矿爆破具有哪些特点？

85. 拆除爆破实施前的施工准备应包括哪些内容？

86. 运输民用爆炸物品的规定。

87. 安全评估的内容有哪些？

88. 什么是起爆具？有哪些分类？

89. 隧道爆破有什么特点？

90. 什么是牙轮钻机，有什么优点？

91. 水下爆破，什么情况下可以使用裸露药包爆破？

92. 为什么炸药能量在使用的时候会损失很多？

93. 什么是拆除爆破？特点是什么？

94. 如何减少导爆管的拒爆现象？

95. 装卸爆破用品《爆破安全规程》是如何规定的？

96. 什么是不耦合系数，作用是什么？

97. 起爆方式分几种，特点是什么？

98. 地坪拆除爆破的特点有哪些？

99. 串联的电爆网路如何保证质量？

100. 预裂爆破的设计原则有哪些？

101. 水下裸露药包投放规定。

102. 平巷掘进工作面炮孔布置及其作用。

103. 什么是不耦合装药系数？不耦合装药有什么作用？

104. 有可燃（可爆）物及粉尘爆炸危险的场所实施爆破时，应采取哪些安全措施？

105. 什么是爆轰？有什么作用？

106. 简述如何减少大块率。

107. 领取及发放炸药的制度要求有哪些？

108. 国家对爆破器材的管理原则是什么？

109. 爆炸冲击波和噪声产生的原因是什么？如何减轻和预防？

110. 拆除爆破的特点体现在哪些方面？

111. 水下钻孔爆破的布孔方式有哪些？一般遵循哪些原则？

112. 何谓最小抵抗线？对爆破工程的意义是什么？

113. 处理溜煤井卡煤、卡钎应注意哪些原则？

114. 露天爆破减轻爆破粉尘的措施有哪些？

115. 光面爆破都有哪些参数，确定原则是什么？

15.5.2 岩土爆破设计题

1. 某露天矿剥离工程，依据工程地质和施工机械情况，设计台阶高度 15 m，孔径为 150 mm。采用多孔粒状铵油炸药，导爆管毫秒雷管起爆网路。岩石为花岗岩，普氏系数 $f=10\sim12$。周围环境为：采区距离居民建筑最近为 250 m，距离高压输电设施最近为 300 m，无其他重要建筑和设施。

2. 某露天矿剥离工程，设计台阶高 8 m，钻孔孔径 120 mm，设计单耗为 0.25 kg/m³。100 m 处有一运输管廊。（2019.11.9 广东）

3. 某新建楼房基础开挖深度为 5 m，其中 $-2\sim-5$ m 部分需要爆破开挖，基坑底部（-5 m 处）东西长 60 m，南北宽 20 m，边坡比（垂直∶水平）为 1∶0.25。岩体为泥质砂岩，整体性较好，普氏系数 $f=4\sim6$。周围环境为：南面 50 m 处为砖混结构居民住宅楼；北侧 80 m 处为市区主干道；西面 35 m 处为修理厂；东面 100 m 内无建筑及市政设施，无地下水影响。

4. 某小区高层住宅楼的圆形桩基开挖施工中，有 220 根桩基需要采用爆破法开挖，桩基直径（净径）0.9～1.0 m，桩基深度 10 m。岩石属于中等硬度红砂岩，$f=8\sim10$。待爆破桩井的上部约 2.0～4.5 m 的土层已开挖完毕，并已做好混凝土护壁。周围环境为：东、北面距离民房和住宅楼分别为 10 m、25 m；西侧为开挖好待施工的基坑，南侧 35 m 为在建高层住宅楼，不考虑地下水影响。

5. 某市引水工程需开挖引水渠。引水渠长 800 m，呈东西走向，其截面为正梯形，开挖深度 8.0 m，上口宽 12.0 m，下底宽 6.0 m，岩体为中等风化花岗岩岩石，坚固性系数 $f=10\sim12$。引水渠开挖边坡南侧距附近某学校的砖砌围墙 150 m，北侧 280 m 处为某村庄，居民住房为砖结构，试进行引水渠爆破开挖设计。

6. 某高速公路 K30＋750～K31＋250 段,为一凸形山体,全挖路堑。设计路基宽 26 m,开挖深度 6～10 m,边坡坡比(垂直∶水平)为 1∶0.75;石方开挖量为 10 万 m³,岩石为石灰岩,大部分比较完整,岩石坚固性系数 f＝6～8。路堑两侧 100 m 处有民宅。

7. 某双向紧邻岩石巷道开挖工程,其巷道断面形状为直墙半圆拱形,掘进断面墙高 2.0 m,宽度 3.0 m,巷道围岩是石灰岩,整体性较好,裂隙不发育,岩石的坚固性系数 f＝8～10。施工中采用 YT-28 型气腿式风动凿岩机钻孔,爆破器材为岩石乳化炸药,毫秒延期导爆管雷管,周边孔光面爆破。

8. 沟槽爆破:底宽 6 m,上口宽 8 m,深 4.5 m。周围环境良好。

9. 某道路边坡开挖,原始地形山坡坡度为 45 度,开挖后在山体一侧形成 1∶0.4 的边坡,边坡按 10 m 一个台阶进行开挖爆破。轮廓线处应进行预裂或光面爆破。岩石为石灰岩,f＝8～10。爆破点距高压线的最近水平距离为 100 m。试针对如图所示的一次台阶进行爆破设计。(2019.03.08 内蒙古)

设计要求:做出可实施的爆破技术设计,技术设计应包括(但不限于)爆破方案选择、爆破参数设计、药量计算、爆破网路设计、爆破安全设计计算、安全防护措施等,以及相应的设计图和计算表。

15.5.3 拆除爆破设计

1. 待拆除烟囱西面 55 m 处为民房,南面 50 m 处是公路,北面场地宽阔。东面距砖砌房 5 m,距简易板房 12 m。该砖结构烟囱高 55 m。底部外径为 4.75 m,底部内径为 3.24 m。壁厚为 0.76 m。顶部外径为 2.2 m,顶部内径为 0.76 m。隔热层为 0.24 m。

2. 待爆破拆除水塔周围环境如图 1 所示,南北两端各 20 m 处为正在建设中的住宅楼,西侧 25 m 处为围墙,墙外有两栋平房为仓库。东侧 45 m 处为配电房。该水塔为砖混结构,高度 25 m,地面标高 1～4 m 段塔身外周长 13 m(外径 4.14 m),壁厚为 0.54 m,标高 4 m 以上壁厚为 0.37 m。砖墙有水泥砂浆砌筑。

3. 某电厂改扩建需爆破拆除 1 座钢筋混凝土双曲线冷却塔,冷却塔高 95 m,底部直径 60 m,上部直径 32 m,高宽比 1.6。筒壁厚 70 cm(底部)至 14 cm(喉部)不等;下部为 24 对预制钢筋混凝土 X 型支柱,截面 550 mm×650 mm,高 11.5 m。环圈梁截面 550 mm(厚)×1 200 mm(高);立柱主筋为 14ϕ25mm,箍筋为 ϕ10 mm×150 mm;筒壁底部双层网状配筋,钢筋直径 ϕ16 mm×200 mm×200 mm。周围环境为:北侧 40 m 为设备仓库;西侧 20 m 为高压输电线;南侧 36 m 为油气管道;东侧 120 m 为办公楼。

4. 待拆除水塔位于某矿务局生活区内,塔身为砖混结构、塔帽为现浇钢筋混凝土结构,水塔容量为 500 m³,总高度为 30 m,塔身底部外直径为 6.5 m,壁厚为 0.60 m;塔帽壁厚为 0.20 m,双层配筋均为 $\phi16$ mm×200 mm×200 mm。水塔正西侧底部地面以上有一个高×宽=1.8 m×1.0 m 的检修门。水塔周围环境为:南侧 10 m 为家属楼;西侧 6 m 为上水泵房;北侧 15 m 为地下管网;东侧 65 m 范围内无建(构)筑设施。

5. 待拆水塔为钢筋混凝土伞形结构,地面上由支撑圆筒和伞形水箱组成,总高度为 30 m,支撑圆筒高 24 m,直径为 2.4 m,内直径 2.04 m,壁厚 0.18 m,水塔支筒筒身布筋为单层钢筋网,竖向钢筋为直径 18 mm,间距 10 cm,横向钢筋为直径 8 mm,间距 18 cm,伞形水箱最大直径 11 m,在水塔东侧有一高 1.8 m、宽 0.6 m 的检修门,但已用砌块封堵。距水塔 100 m 东、西、北三个方向处为居民楼。

6. 待拆除烟囱高 45 m,砖混结构,底部内直径 4.2 m、外直径 6.7 m,烟囱壁厚 79.9 cm(其中壁厚 50 cm、内衬 29 cm、隔热层 0.9 cm)。周边环境:西侧 10 m 处为垃圾场、42 m 处为厂房;北侧 5 m 处为锅炉房;东南侧 5 m 处为民房;南侧与西南侧 5 m 处有 7 kV 高压线。

7. 拟拆除办公楼为砖混结构的六层双面办公楼,楼房东西长 40 m,南北宽 13.5 m,高 20 m。承重墙为 37 cm 外砖墙、24 cm 内隔砖墙和构造柱。每层均有钢筋混凝土整体浇筑圈梁,层面为钢筋混凝土预制板。周围环境为:楼房东侧 10 m 处为需保留楼房;南侧 45 m 处为单位围墙;西侧 15 m 处为车库;北侧 20 m 处有电力设施。

8. 楼房为八层钢筋混凝土框架结构,高 25 m,南北宽 17 m,东西长 33 m。南北有 4 排柱子,A、D 排各有 7 根立柱,B、C 排各有 8 根立柱,立柱尺寸 60 cm× 40 cm,横梁尺寸 50 cm×30 cm。(2018.12.26 湖北)

9. 某水池需爆破拆除,水池长 8 m,宽 5 m,高 5 m,其中 2 m 埋在地下。周围 60 m 处有油罐、煤气站等建筑物。(2018.12.27 广东)

10. 需要爆破拆除的高 25 m 筒形薄壁钢筋混凝土到锥体水塔,其钢筋混凝土支筒高 20 m,壁厚 18 cm,内直径 2.04 m,单层配筋(主筋 14 mm,间距 100 mm,箍筋 $\Phi8$ mm,间距 180 mm)。倒锥体水箱容积为 50 m³。水塔设置高 2.1 m、宽 0.6 m 的入门。水塔西侧 12 m 有在建框架结构楼房,东侧 10 m 为临建平房,南侧 15 m 为

二层砖混办公室,北侧为开阔场地,场区地下无其他建(构)筑物。(2019.03.08 内蒙古)

11. 建筑物筏板基础长 70 m,宽 20 m,需拆除的部分位于西侧,需拆除长度为 10 m。筏板高 2.5 m,其中上部 0.5 m 为素混凝土,下部 2 m 为钢筋混凝土。基础 北侧 20 m 处有道路,西侧为一深 7.9 m 的基坑,50 m 处为一框架楼房,南侧 20 m 处为商业楼。(2019.11.09 广东)

设计要求:做出可实施的爆破技术设计,技术设计应包括(但不限于):爆破方 案选择、爆破参数设计、药量计算、爆破网路设计、爆破安全设计计算、安全防护措 施等,及相应的设计图和计算表。

15.6 高 A 已经考过的题汇总

15.6.1 问答题

1. 申请从事民用爆炸物品销售的企业,应当具备哪些条件?

2. 试述拆除爆破降低塌落振动的技术措施。

3. 试述殉爆距离的测定方法、影响因素及研究意义。

4. 什么是乳化炸药? 它的主要成分有哪些? 乳化炸药有哪些主要特点?

5. 简述电力起爆法优缺点及其适用条件。

6. 岩石受到冲击荷载作用时,应变率如何表示?

7. 简述深孔台阶爆破多孔多排爆破作用机理。

8. 影响爆破开挖边坡稳定性的因素是什么? 有哪些主要措施可以提高爆破 开挖的稳定性?

9. 岩体结构面对爆破效果的影响是什么?

10. 爆破作业中炸药的有效做功只占炸药功值的很小部分,其损失的原因是 什么?

11. 岩土爆破后检查的内容主要有哪些?

12. 试述塌落振动的产生和危害。

13. 危房拆除爆破中应该注意哪些问题?

14. 申请营业性爆破作业单位许可证的单位需向哪个部门提出申请? 需提交

的表格和材料都有哪些？

15. 水下深孔爆破的起爆网路如何连接，有流速时如何处理？

16. 简述斜井掘进爆破的特点。

17. 简述光面（预裂）爆破施工作业及其爆破质量验收的主要内容。

18. 采取柱状装药时，为何反向起爆效果较好？

19. 单药包在无限均匀介质中爆破会产生怎样的爆破作用？

20. 怎样确定爆破个别飞散物对人员和其他保护对象的安全允许距离？

21. 什么是炸药的聚能效应？怎样产生聚能效果？

22. 简述工业雷管编码信息标识的意义。

23. 简要说明炸药在无限介质中爆炸时，其粉碎区和破坏区的形成过程。

24. 爆破工作领导人应具备什么资格条件？其职责是什么？

25. 导爆管起爆网路对采用毫秒延期技术的延期精度有何影响？如何控制？

26. 爆炸冲击动荷载对岩石的加载作用与静载荷相比，具有哪些特点？

27. 露天深孔台阶爆破的钻孔形式有哪几种？各有哪些优缺点？

28. 什么是预装药？预装药要遵循哪些规定？

29. 矿井巷道掘进爆破常选的方式是什么？怎样确定爆破参数？

30. 建筑物拆除爆破中爆破缺口内的承重立柱炸高和炸药单耗如何确定？

31. 简述毫秒延期爆破的作用原理。

32. 何为介质的特性阻抗？其对应力波在介质中传播有何影响？

33. 导爆管起爆网路常用的起爆延时方法有哪些？各有什么特点？

34. 为什么煤矿生产要用专门的许用炸药？它有哪些特点？

35. 什么是管道效应？主要影响因素是什么？

36. 试述圆形截面立井掘进爆破常用的掏槽形式。

37. 简述水中钻孔爆破的特点和使用条件。

38. 试述高耸建筑物拆除爆破中塌落振动控制的主要技术措施。

39. 简述爆破噪声、冲击波的危害和常用的工程控制措施。

40. 运输民用爆炸物品，收货单位应当向当地人民政府公安机关提出申请，并提交哪些材料？

41. 盲炮产生的原因有哪些？

42. 电子雷管起爆网路应注意哪些问题？

43. 简述影响爆破效果的三要素及其特征。

44. 水下爆破挤淤有哪几种方法？

45. 烟囱折叠爆破时差怎么确定？

46. 改性铵油炸药的性能及储存方法有哪些？

47. 简述从事民爆企业的工作内容。

48. 炸药爆炸会产生哪些有害气体？

49. 评价爆破工程效果的主要技术经济指标有哪些？

50. 电爆网路作业中怎样预防外来电引起的电雷管早爆事故？

51. 试述基础类结构物拆除爆破的设计原则。

52. 水下钻孔爆破作业时需要注意哪些问题？

53. 两相邻隧道存在小净距时，施工时应采取哪些技术措施和爆破方式？

54. 什么是预装药？预装药应遵循哪些规定？

55. 试分析预裂爆破与地质条件的关系。

56. 柱状装药时反向起爆与正向起爆相比有何优点？

57. 敷设和连接导爆索起爆网路时要注意哪些问题？

58. 说明冲击波和爆轰波的异同点。

59. 炸药爆炸会产生哪些有害气体？简述有害气体产生的原因。

60. 如何提高改性铵油炸药爆炸性能和储存稳定性？

61. 对电子雷管起爆网路有哪些要求？

62. 影响爆破效果的三要素是什么？为何说这三要素中的岩体性质对爆破效果的影响最大？

63. 露天深孔台阶爆破的钻孔形式有哪几种？各有哪些优缺点？

64. 试简要阐述高温爆破的装药、填塞和起爆操作要求。

65. 试述爆炸法处理水下软基的主要方法及其特点。

66. 烟囱拆除爆破有两个及两个以上切口时，如何确定上下切口的起爆时差？

67. 产生盲炮的可能原因是什么？

68. 民用爆炸物品从业单位的业务内容是什么？如何做好民爆物品的安全管理工作？

15.6.2　岩土爆破设计题

1. 某单位需要用爆破方法平整场地，爆区长 120 m，宽 80 m，高 2～12 m，爆破方量约 62 000 m³。岩石为中等风化的石灰岩。爆区西面 200 m 处有三栋 4 层砖结构居民楼,其余方向 200 m 以内无需要保护的目标。

2. 某钢铁公司主要运输线路因故需要改线,爆破区域为不连贯的三段,其中最大一段开挖高度约 12 m,底部扩宽约 5 m,爆破开挖量约 9 000 m³,设计开挖路堑边坡坡度为 1∶0.75。待爆岩石为砂砾岩和灰岩,岩石完整性较好,坚固性系数为 $f=8\sim10$。爆区周围环境复杂:开挖路堑下为既有的铁路,铁路南侧距天然气站约 30 m;北侧 70 m 外为居民区;南侧 25 m 外有一条高压线和一变压器。

3. 某大型露天开挖爆破工程方量共 200×104 m³,要求工期为 2 年,台阶高度 15 m,钻孔直径 $\phi140$ mm,采用垂直钻孔,要求炮孔偏斜率小于 2%。采用多孔粒状铵油炸药,导爆管毫秒雷管起爆网路。岩石为闪长花岗岩,坚固性系数 $f=8\sim14$,节理、裂隙、风化沟、破碎带十分发育。200 m 处有一大型养鸡场。

4. 某平整场地工程采用爆破方法,爆区长 105 m、宽 75 m、高 1~13 m,爆破方量约 55 000 m³,工期要求 30 天。岩石为中等风化的花岗岩,坚固性系数 $f=16\sim18$。爆区北面 60 m 处有一栋公路养护队办公楼,为三层框架结构;爆区西面 150 m 处有一条运行中的高速公路,沿路边 100~200 m 范围内有多栋居民楼。其他方向无需要保护的目标。

5. 某高速公路工程需通过一高约 30 m、长约 200 m 的山体,采用双侧路堑开挖设计,路堑底宽 27.5 m,边坡按 1∶1 设计下部 6 m 台阶,以上边坡按 1∶1.25 设计,边坡要求平整稳定。岩石为石英质砂岩,单轴抗压强度为 50~60 MPa。路堑通过地区有两处 500 kV 高压架空输电线路横跨路堑,从爆区山体岩层表面到高压线垂直高差为 12~18 m,高压输电铁塔距爆区距离为 20~40 m。

15.6.3 拆除爆破设计

1. 待拆办公楼建于 1991 年,楼房整体完好,南北宽 14.5 m,东西长 33 m,楼高 40 m,共 11 层,建筑面积 4 000 m²。每层 12 间房屋,中间由走廊隔开,南北各 6 间,7 根南北方向横梁。1、3 层内墙较多,形成数个独立房间;2 层走廊北侧为大通间,无南北方向横梁;东西两端为辅助间,主要为楼梯、下水道、厕所、垃圾通道和电梯间等。通过现场勘查得知该楼每层只有 28 根钢筋混凝土立柱,其中 Z1、Z4、Z25 和 Z28 这 4 根立柱截面尺寸为 50 cm×60 cm,中间部分 Z2、Z3、Z11、Z12、Z17、Z18、Z26 和 Z27 这 8 根立柱截面尺寸为 50 cm×70 cm,其余 16 根立柱截面尺寸为 50 cm×50 cm,立柱轴筋为 14~18 根螺纹钢(8 mm);中间部分南北方向有 10 根梁(截面尺寸 25 cm×50 cm)。

2. 爆破拆除一楼房:东西长 33 m,南北宽 17 m,高 33 m,底层层高 4 m,其余层高 3.2 m。立柱 4 排,每排 7 根,截面尺寸 600 mm×400 mm。环境:北面 38 m 处为煤棚,东面 15 m 处是大街,50 m 处是宾馆,西面 15 m 处是大街。

3. 某待爆破拆除酒店为 16 层高的剪力墙整体结构建筑物,高 48 m。主楼体东西向 30 m、南北向 27 m,南北向的高宽比为 1.78。该楼结构坚固,稳定性好。南北为 6 排钢筋混凝土立柱,东西为 9 排钢筋混凝土立柱,立柱断面尺寸为 0.7 m×0.7 m。钢筋直径为 20 mm。待拆楼房周围环境比较复杂,塌落空间较小,只有北侧空间较大。但北侧 58 m 处为保定市区干道东风中路,而且在路的南侧埋有煤气管道,距待拆大楼仅 38 m,必须加以严格保护。

4. 钢筋混凝土双曲拱结构桥需爆破拆除,桥长 234 m、宽 8 m、高 13 m,共 7 拱,每拱净跨 30 m;桥面、桥头和翼墙为钢筋混凝土结构,桥墩、桥台为浆砌块石结构。桥墩长 11 m,宽 2.8 m,高 7~8 m;翼墙长 7.5 m,宽 0.80 m,高 3.5 m;桥面厚 0.80 m。桥面由与桥墩相连接的 6 条相互平行的拱形钢筋混凝土梁支撑,梁宽 0.25 m、高 0.60 m,拱梁间距为 1.2 m。周围环境为:桥上、下游两侧均有 110 kV 高压线跨江通过,在桥下游西南侧的高压线铁塔距桥头的最近距离为 50 m,与上游的最近距离为 101 m。在桥的东北侧桥头的上游紧靠桥头处为华鑫拉链有限公司厂区,距厂房约 70 m;下游紧靠桥头处为批发部仓库,距离爆破区域约 40 m。

5. 某公司在对主风机改造过程中,需要爆破拆除主风机设备基础的地上部分。主风机基础位于主风机厂房内,厂房为钢筋混凝土框架结构。待爆基础周围构筑物、工艺管线、电气与仪器线路较多,其南北两侧距厂房内立柱 0.9 m,厂房内立柱断面尺寸为 300 mm×300 mm,距外墙 2.5 m,西侧距润滑油站仅 2 m,东侧距操控室 3 m。环境非常复杂。主风机基础整体为钢筋混凝土框架结构,其地上部分由 2 个钢筋混凝土平台(1 平台和 2 平台)和 8 根断面为 720 mm×720 mm 钢筋混凝土支撑立柱组成。1 平台尺寸 5 020 mm×4 420 mm×1 450 mm,2 平台尺寸 4 130 mm×4 420 mm×1 450 mm;平台距离地面高度为 5 m。两平台之间有 2 根连接横梁,尺寸为 3 960 mm×720 mm×1 450 mm。主风机基础平台全部嵌在主风机厂房二层底板内部,混凝土标号为 C25,加强配筋,其框架柱距厂房内立柱仅 0.9 m。

6. 待拆楼房银海大厦东侧 15 m 处为海滨五路,50 m 处为门面房;南侧 15 m 处为黄海二路,50 m 处为山水大酒店;西侧距围墙 20 m;北侧距临时工棚 38 m。楼房结构:该楼为框架结构,长 33 m,宽 17 m,高 33 m。第一层楼高 4 m,其余各层高均为 3.2 m。南北方向各有 4 排立柱，断面尺寸 600 mm×400 mm。

15.7 高 B 已经考过的题汇总

15.7.1 问答题

1. 民用爆炸物品买卖行为的交易方式和销售企业建立备查制度有哪些规定？

2. 简述工业导爆索的分类及其传爆原理。

3. 什么是岩石的可钻性和可爆性？分别简述其在爆破工程中的作用是什么？

4. 在爆破作业中，正确选择炸药的威力和猛度具有什么实际意义？

5. 简述宽孔距爆破作用原理，并指出实际工程应用中要注意哪些问题。

6. 隧道爆破全断面开挖法和分部开挖法分别有什么特点？怎样优化选择？

7. 水下及邻水工程爆破的作用过程有哪些特点？

8. 平巷掘进爆破时，试比较普通型和小直径型两种炮孔直径的优劣。

9. 试述爆破法处理水下软基的主要方法及其特点。

10. 简述路面类薄板式结构拆除爆破的特点和难度表现在哪些地方？施工中应注意哪些问题？

11. 民用爆炸物品从业单位的业务内容是什么？其单位负责人怎样做好民爆物品的安全管理工作？

12. 什么是乳化炸药？其组分是什么？有什么特点？

13. 运输民用爆炸物品时常见的违反《爆破安全规程》(GB 6722—2014)的现象有哪些？

14. 简述一下炸药从分解到爆轰的过程。

15. 简述一下隧道爆破中全断面开挖法和分部开挖法及它们的适用范围。

16. 简述一下水下爆破的过程。

17. 简述路面类薄板结构拆除爆破的特点和难度，施工中应注意哪些问题。

18. 简述一下导爆管网路的连接方法及特点。

19. 什么是岩体结构面？岩体结构面对爆破效果有什么影响？

20. 为什么说柱状装药结构能起到很好的爆破效果？

21.《爆破作业单位资质条件和管理要求》规定爆破作业单位技术负责人的职

责有哪些?

22. 什么是沟槽效应? 实践中采用哪些措施可消除沟槽效应?

23. 使用导爆管起爆网路时,应注意哪些事项?

24. 为什么说岩石破碎是爆炸冲击波和爆炸气体综合作用的结果?

25. 试述降低大块率的措施有哪些?

26. 简述钻爆法开挖地铁隧道的难点。

27. 水对爆破工程有什么重要影响?

28. 框—剪结构拆除爆破时,如何处理剪力墙?

29. 试述基础类结构物拆除爆破的设计原则。

30. 有哪些因素影响爆破地震波的传播过程?

31. 民用爆炸物品从业单位违反了哪些民用爆炸物品安全管理规定要进行处罚?

32. 各种露天岩土爆破个别飞散物对人员的最小安全允许距离是多少?

33. 炸药化学变化几种形式之间是如何联系的? 又是如何转化的?

34. 试述工程应用中成组电雷管的准爆条件。

35. 常用起爆网路有哪几种? 各有哪些特点?

36. 简述爆破对工程地质条件的影响。

37. 深孔台阶多孔多排爆破时,论述一孔一响顺序爆破的破岩机理并说明它与同排炮孔同时爆破时的差异。

38. 何谓压碴爆破? 有什么特点?

39. 硐室爆破药包布置的原则是什么?

40. 拆除爆破时如何减少地面振动强度?

41. 什么是炸药的感度? 其感度有哪几种? 对炸药的使用有何意义?

42. 导爆索起爆法有哪些优缺点?

43. 炸药爆炸在岩体中激起的应力波有哪几种? 各有何特点?

44. 试述深孔台阶爆破的设计步骤和相关参数计算方法。

45. 隧道开挖常用的方法有哪些? 使用条件是什么?

46. 试述水下钻孔爆破钻孔施工工艺。

47. 建筑物拆除爆破实施预拆除时应注意哪些问题?

48. 试阐述毫秒延期爆破技术对改善爆破效果的基本原理。

49. 经由道路运输民用爆炸物品时,应遵守《民用爆炸物品安全管理条例》中的哪些规定?

50. 为什么要对重要爆破工程进行爆破安全监理?

51. 试述拆除爆破时,建筑物塌落振动的特点。

52. 试述水下爆破产生气泡的脉动过程及其特点。

53. 岩石受冲击动荷载作用与静荷载作用相比,有何特点?

54. 为什么炸药威力通常用铅铸扩孔法和爆破漏斗法表示?

55. 《爆破安全规程》(GB 6722—2014)中对民爆物品接收的要求。

56. 为什么煤矿生产要用专门的许可炸药? 它有什么特点?

57. 什么是管道效应? 主要影响因素是什么?

58. 建筑物拆除爆破中爆破切口内的承重立柱炸高和爆破单耗如何确定?

59. 炸药的氧平衡与炸药爆炸时产生的有害气体有什么关系?

60. 何谓数码电子雷管? 其主要特点是什么?

61. 混合起爆网路主要有哪几种形式? 简述各自特点。

62. 何谓岩石坚固性? 岩石坚固性如何表示?

63. 露天深孔台阶爆破的钻孔形式有哪几种? 各有哪些优缺点?

64. 试述圆形断面立井掘进爆破常用的掏槽形式。

65. 试述水下爆破产生气泡的脉动过程及其荷载作用特点。

66. 烟囱拆除爆破失稳机理和条件分别是什么?

67. 试述拆除爆破起爆网路设计要点和需要注意的问题。

68. 民用爆炸物品从业单位违反了哪些民用爆炸物品公共安全管理规定要进行处罚?

69. 民用爆炸物品从业单位的主要负责人及单位安全管理有哪些规定?

70. 简述炸药从缓慢分解到爆轰的转化过程。

71. 什么是乳化炸药? 它的主要成分有哪些? 乳化炸药有哪些主要特点?

72. 导爆管起爆网路的连接方式有哪几种? 其特点是什么?

73. 何谓岩体结构面? 岩体结构面对爆破效果的影响是什么?

74. 采取柱状装药时,为何反向起爆效果较好?

75. 隧道爆破全断面开挖法和分部开挖法分别有什么特点? 怎样优化选择?

76. 试述水下爆破后水中冲击波和爆炸气体的运动过程。

77. 简述薄板结构路面类拆除爆破的特点和难度表现在什么地方? 施工中应注意哪些问题?

78. 用汽车运输民用爆炸物品时,不能违反《爆破安全规程》(GB 6722—2014)的哪些规定?

79. 国家对民用爆炸物品的管理原则是什么?

80. 试列举运输民用爆炸物品时,常见的违反《爆破安全规程》的一些现象。

81. 什么叫殉爆? 什么是殉爆距离? 殉爆在工程爆破中有何作用?

82. 炸药爆炸产生的冲击波、应力波和地震波的特点。

83. 对电子雷管网络的安全性有哪些要求?

84. 什么是线装药密度? 为什么光面爆破和预裂爆破要选用线装药密度?

85. 多排孔爆破的起爆网路顺序有哪些?

86. 试述立井掘进爆破的特点和布孔方式。

87. 水下作业时对起爆网路有何特定要求?

88. 建筑物拆除爆破中爆破切口内的承重立柱炸高和爆破单耗如何确定?

89. 什么是重铵油炸药? 叙述一下重铵油炸药现场混药的流程。

90. 什么是爆轰波? 它有什么特点? 其压力范围为多少?

91. 购买民用爆炸物品需要提供什么资料?

92. 爆破理论研究的内容是什么?

93. 导爆管起爆网路由哪些部分构成? 它有什么特点?

94. 巷道断面的炮孔数目及单耗如何确定?

95. 硐室爆破的布药原则是什么?

96. 减少爆破时对岩石破坏的方法有哪些?

97. 毫秒延期爆破的作用原理是什么?

98. 剪力墙建筑物爆破拆除时有哪些注意事项?

15.7.2 岩土爆破设计题

1. 某采石场要求日均爆破不低于 2 500 m³(山体自然方),每周爆破 2~3 次,距离采区 500 m 处是一居民小区,岩石为石灰岩,坚固性系数 $f=10\sim12$,台阶高度 10 m,钻孔直径 115 mm,采用多孔粒状铵油炸药,导爆管毫秒雷管起爆。

2. 某大型露天矿爆破岩石为磁铁矿,坚固性系数 $f=18\sim20$,爆区距离居民区 200 m。台阶高度为 14 m,采用乳化铵油(重铵油)炸药(炸药密度 850~1 250 kg/m³),装药车装药,导爆管毫秒雷管起爆,月均爆破量不小于 40 万 m³。

3. 某高速铁路隧道爆破开挖工程,全长 1 500 m,平均埋深 80 m。某段岩石为灰岩,中风化,坚固性系数 $f=10\sim12$。开挖断面为 $121.35\ m^2$。其中,隧道上部为半径 $7.10\ m$ 的半圆;下部为高 $2.97\ m$,宽 $14.2\ m$ 的矩形。要求光面爆破后半孔率达到 90% 以上。

4. 某工厂新建车间基础开挖需要爆破,基坑开挖深度为 $-15\ m$(地表标高为 $+0\ m$),基坑口部长度为 $300\ m$,宽度为 $100\ m$,边坡比(垂直:水平)为 $1:0.3$,岩体为石灰岩,中等风化,整体性较好,坚固性系数 $f=6\sim8$。周围环境为:基坑南面 $50\ m$ 处为轧钢车间,北侧 $80\ m$ 处是砖混结构 6 层办公大楼,东西两面 $300\ m$ 内无建筑及市政设施。

5. 某场区开挖一基坑需要爆破,基坑开挖深度为 $-15\ m$(地表标高为 $+0\ m$),基坑口部长度为 $300\ m$,宽度为 $150\ m$,边坡比(垂直:水平)为 $1:0.3$,岩体为砂岩,中等风化,整体性较好,坚固性系数 $f=6\sim8$。周围环境为:基坑南面 $40\ m$ 处为轧钢车间,北侧 $20\ m$ 处是 5 层砖混结构办公大楼,东西两面 $80\ m$ 范围内没有建筑物。

6. 某高速公路隧道出口接一桥梁,桥台设计为扩大基础,开挖尺寸为长 $30\ m$、宽 $7\ m$、深 $5\ m$。桥台基础距离已建成的隧道洞门 $20\ m$,距 $30\ kV$ 高压输电线 $15\ m$。开挖岩体为砂岩,节理裂隙不发育,整体性较好,坚固性系数 $f=8\sim10$,无地表水。

7. 某小区新建楼房的两层地下车库建设需开挖基坑,基坑开挖深度为 $-18\ m$(地表标高为 $\pm0\ m$),其中 $-5\sim-18\ m$ 的岩体部分需要爆破开挖。基坑底部($-18\ m$ 处)东西长 $80\ m$,南北宽 $26\ m$,边坡比为 $1:0.25$;岩体为凝灰岩,整体性较好,坚固性系数 $f=7\sim9$。基坑南侧 $30\ m$ 处为原有 4 层砖混结构居民住宅楼,其他方向 $100\ m$ 范围内无建筑物,北侧 $20\ m$ 处的地下埋有自来水和污水管道,埋深分别为 $2\ m$ 和 $1.5\ m$。试进行基坑爆破开挖设计。

8. 某新建桥梁的主桥墩基坑需采取爆破方法开挖,开挖尺寸为长 $30\ m$,宽 $7\ m$,深 $5\ m$,开挖岩体为石灰岩,节理不发育,普氏系数 $f=8\sim10$,无地表水,不考虑地下水的影响。周围环境为:新建桥梁一侧与既有老桥并排,梁桥相距 $100\ m$,另外三面为农田。

9. 某大型露天矿爆破岩石为磁铁矿,坚固性系数 $f=18\sim20$,爆区距离居民区 $1\,500\ m$。钻孔孔径为 $310\ mm$,采用乳化铵油(重铵油)炸药(炸药密度 $850\sim1\,250\ kg/m^3$),装药车装药,导爆管毫秒雷管起爆,月均爆破量不小于 80 万 m^3。(2019.03.08 内蒙古)

10. 某工程拟采用水下挤淤爆破构筑一条防波堤,堤坝长 300 m,坝顶超出水面 5 m;坝顶宽 10 m,坝底宽 36 m,坝身厚 32 m;水深 12 m,挤淤深度 15 m;内坡角 1∶1,外坡角 1∶1.5。(2019.11.09 广东)

15.7.3 拆除爆破设计

1. 某电厂位于市高新区内,由于扩建需要将电厂内一座 100 m 高的钢筋混凝土烟囱拆除。烟囱东侧 10 m 处是发动机房和锅炉房,西侧 20 m 处是院墙,院墙外是树林;南侧 5 m 处是皮带走廊和厂房,3 个方向均不具备倒塌空间;北侧 30 m 处是院墙,院墙外是松软农田,场地开阔。烟囱周围环境如图所示。烟囱为钢筋混凝土结构,烟囱上、下口直径分别为 3.5 m、8.5 m,壁厚分别为 0.16 m、0.40 m。烟囱 3 m 以上有耐火砖内衬及 0.50 m 的隔热层,内衬厚度分为两部分:5 m 以下为 0.23 m,5 m 以上为 0.12 m,混凝土强度等级为 C30,竖向配筋 0～15 m 高处为 $\phi 22$,15～50 m 高处为 $\phi 20$,50～80 m 高处为 $\phi 16$,底部是双层钢筋网片结构,上部是单层钢筋网片结构;烟囱总体积为 820 m^3,总重量约 2 400 t,重心高度为 35.5 m。

2. 待爆破拆除水塔北面 13.6 m 为五层住宅楼;西面 13.2 m、南面 11 m 处为办公楼;东面 24.2 m 处为大型超市,四周无理想的倒塌长度,周围环境平面图如图所示。水塔塔体为砖结构,高 31 m,底部周长 16.5 m,壁厚 0.63 m,水塔高 8 m 处周长 15.9 m,壁厚 0.37 m。水塔底部正西面有一出入口,高 2.5 m,宽 1.2 m。

3. 待拆楼房为框架结构,地面以上 10 层,首层高 4 m,2～10 层层高 3.0 m,总高 31 m。东西向长 28.0 m,南北宽 13.0 m,占地面积约 264 m^2,建筑面积约 3 640 m^2。待拆楼房周围 80 m 以内没有需要保护的目标,80 m 以外有少量砖结构民房。

各层的梁柱结构是:南北向有 4 排立柱,立柱由南向北分别编为 1～4 排。第 1 排与第 2 排的距离是 5 m,每跨第 2 排与第 3 排的距离是 3 m,第 3 排与第 4 排的距离是 5 m。东西向分 7 跨,每跨之间距离是 4 m。共有 32 根立柱,立柱的横断面尺寸为:700 mm×800 mm;南北向梁的横断面尺寸为:700 mm×1 300 mm。楼房内部有一副步行楼梯和一部电梯。

4. 待拆楼房为框架结构,地面以上 8 层,首层高 4 m,2～8 层层高 3.0 m,总高 25 m。东西向长 28.0 m,南北宽 13.0 m,占地面积约 364 m^2,建筑面积约 3 640 m^2。楼房南侧 100 m 处有砖结构民房,西侧 65 m 处有办公楼,北侧 40 m 处为大型购物中心。各层的梁柱结构是:南北向有 4 排立柱,立柱由南向北分别编为 1～4 排。

第1排与第2排的距离是5 m,第2排与第3排的距离是3 m,第3排与第4排的距离是5 m;东西向分7跨,每跨之间距离是4 m。共有32根立柱,立柱的横截面尺寸为:700 mm×800 mm;南北向梁的横截面尺寸为:700 mm×1 300 mm。楼房内部有一副步行楼梯和一部电梯。

5. 钢筋混凝土双曲线冷却塔需爆破拆除,冷却塔外形为高65 m、底部直径49.09 m、上部直径30.97 m,高宽比1.3。壁厚40 cm(底部)至12 cm(喉部)不等,环圈梁截面400 mm×500 mm,下部为36对人字形立柱,截面400 mm×400 mm,高3.77 m,立柱主筋为8ϕ20 mm,箍筋为ϕ10 mm×300 mm。筒壁底部双层网状配筋,钢筋直径ϕ16 mm×200 mm×200 mm。周围环境为:北侧25 m为高压输电线;西侧15 m处为地下管网设施;南侧60 m处为运行中的冷却塔;东侧50 m处为设备仓库。

6. 钢筋混凝土双曲线冷却塔需爆破拆除,冷却塔外形为高90 m、底部直径60 m、壁厚40 cm(底部)至12 cm(喉部)不等,环圈梁截面400 mm×1 250 mm,下部为36对人字形立柱,截面400 mm×400 mm,高4 m。周围环境为:北侧25 m处为高压输电线;西侧15 m处为地下管网设施;南侧60 m处为运行中的冷却塔;东侧50 m处为设备仓库。

7. 待拆除的钢筋混凝土烟囱位于厂区内。东北方向55 m处是厂区围墙,45 m处有一7层办公楼;西南方向120 m处是围墙,围墙南侧180 m处为居民区;烟囱东侧36 m处是材料仓库,烟囱以北15 m处是废旧锅炉房,其余方向是空地。烟囱+0.5 m处直径9.14 m,壁厚0.46 m。(2019.03.08 内蒙古)

设计要求:做出可实施的爆破技术设计,技术设计应包括(但不限于)爆破方案选择、爆破参数设计、药量计算、爆破网路设计、爆破安全设计计算、安全防护措施等,及相应的设计图和计算表。

参考文献

[1] 李志敏,汪旭光,汪泉,等.EPS 缓冲材料衰减水下爆炸能量的实验研究[J].工程爆破,2022,28(5):17-22.

[2] 潘博,汪旭光,郭连军,等.组合静载条件下 SHPB 试件长径比优选研究[J].爆破,2022,39(3):1-9.

[3] 周建敏,汪旭光,龚敏,等.缓冲孔对爆破振动信号幅频特性影响研究[J].振动与冲击,2020,39(1):240-244.

[4] 张小军,汪旭光,崔新男,等.台阶高度对爆破振动高程效应的影响研究[J].中国矿业,2020,29(3)124-129.

[5] 崔新男,宋家旺,王尹军,等.基于数字图像相关方法的导爆管爆速测试研究[J].爆破,2020,37(1):113-118.

[6] 周建敏,汪旭光,周桂松,等.高稳定性现场混装炸药爆炸性能试验研究[J].矿业研究与开发,2020,40(4):41-45.

[7] 崔新男,汪旭光,王尹军,等.爆炸加载下混凝土表面的裂纹扩展[J].爆炸与冲击,2020,40(5)22-32.

[8] 刘强,施富强,汪旭光,等.基于三维激光点云的爆破块度统计预测方法[J].煤炭学报,2020,45(S2):781-790.

[9] 杨海斌,汪旭光,王尹军,等.液态 CO_2 相变爆炸激发药剂的爆炸性与安全性[J].工程爆破,2022,28(3):97-102.

[11] 杨海斌,汪旭光,王尹军,等.液态 CO_2 相变爆炸激发药剂安全性的试验研究[J].火炸药学报,2022,45(4):590-596.

[12] 汪旭光,吴春平.智能爆破的产生背景及新思维[J].金属矿山,2022(7):2-6.

[13] 潘博,郭连军,汪旭光,等.爆炸荷载作用下不同形式采空区损伤模式研究

[J/OL].工程爆破:1-11[2023-03-02].DOI:10.19931/j.EB.20220070.

[14] 吴浩艺,刘慧,史雅语,等.邻近侧向爆破作用下既有隧道减震问题分析[J].爆破,2002,19(4):74-76.

[15] 薛培兴,史雅语,刘文泉.已爆堆积体与未爆岩体交接处的药包布置[J].工程爆破,2001,7(4):51-55.

[16] 苌江,刘文泉,史雅语.爆破抛石涌浪的形态与危害及其防范[J].工程爆破,2001,7(1):83-88.

[17] 薛培兴,史雅语,刘文泉.已爆堆积体与未爆岩体交接处的药包布置[J].工程爆破,2001,7(4):51-55.

[18] 杨年华,张志毅,邓志勇,等.复杂环境下高层框架楼定向爆破拆除实例与分析[J].爆破器材,2006,35(6):30-32.

[19] 史雅语,刘慧.招宝山超小净距隧道开挖爆破技术[C]//中国铁道学会,铁道部建设司.光面预裂爆破论文汇编.[出版地不详][出版者不详],2007:6.

[20] 史雅语.铁路路堑光面和预裂爆破设计参数选择[C]//中国铁道学会,铁道部建设司.光面预裂爆破论文汇编.[出版地不详][出版者不详],2007:9.

[21] 杨琳,史雅语,梁锡武.预留岩墙的深孔控制爆破开挖技术[J].工程爆破,2010,16(4):30-32.

[22] 田运生,李战军,汪旭光,等.爆破开挖基坑地震波的频谱特征[J].爆破,2005,22(4):29-31.

[23] 谢飞鸿,汪旭光,窦金龙,等.砂石料场开采小型硐室爆破试验[J].中国矿业,2007,16(3):50-51.

[24] 谢飞鸿,汪旭光,于亚伦,等.定向爆破烟囱的回程应力波分析[J].振动与冲击,2007,26(3):55-58.

[25] 吴春平,汪旭光,于亚伦,等.爆破动光弹实验装置的改进及装药结构设计[J].工程爆破,2007,13(3):18-21.

[26] 闫国斌,于亚伦.空气与水介质不耦合装药爆破数值模拟[J].工程爆破,2009,15(4):13-19.

[27] 闫国斌,于亚伦.销毁废旧弹药的技术探讨[J].工程爆破,2011,17(3):92-94.

[28] 陶刘群,于亚伦.爆破振动安全判据三大核心问题研究[J].金属矿山,2012(10):127-129.

[29] 郭君,张兴龙,于亚伦,等. 地下开采炸药单耗对机械破碎能的影响[J]. 工程爆破,2015,21(5):10 - 13.

[29] 张小军,汪旭光,于亚伦,等. 确定延时爆破间隔时间的新方法[J]. 金属矿山,2018(3):43 - 49.

[30] 张小军,汪旭光,王尹军,等. 基于正态分布的爆破振动评价与安全药量计算[J]. 爆炸与冲击,2018,38(5):1115 - 1120.

[31] 戴俊,杨永琦. 三角柱直眼掏槽爆破参数研究[J]. 爆炸与冲击,2000,20(4):364 - 368.

[32] 戴俊. 基于有效保护围岩的定向断裂爆破参数研究[J]. 辽宁工程技术大学学报,2005,24(3):369 - 371.

[33] 戴俊,钱七虎. 高地应力条件下的巷道崩落爆破参数[J]. 爆炸与冲击,2007,27(3):272 - 277.

[34] 戴俊,杜晓丽. 岩石巷道楔形掏槽爆破参数研究[J]. 矿业研究与开发,2011,31(2):90 - 93.

[35] 戴俊,王代华,熊光红,等. 切缝药包定向断裂爆破切缝管切缝宽度的确定[J]. 有色金属,2004,56(4):110 - 113.

[36] 戴俊,杨永琦. 光面爆破相邻炮孔存在起爆时差的炮孔间距计算[J]. 爆炸与冲击,2003,23(3):253 - 258.

[37] 杨永琦,戴俊,单仁亮,等. 岩石定向断裂控制爆破原理与参数研究[J]. 爆破器材,2000,29(6):24 - 28.

[38] 戴俊. 深埋岩石隧洞的周边控制爆破方法与参数确定[J]. 爆炸与冲击,2004,24(6):493 - 498.

[39] 戴俊. 柱状装药爆破的岩石压碎圈与裂隙圈计算[J]. 辽宁工程技术大学学报(自然科学版),2001,20(2):144 - 147.

[40] 胡刚. 爆破载荷下岩体面内斜交节理端部的动力特性研究[D]. 阜新:辽宁工程技术大学,2021.

[41] 李成杰. 深部巷道爆破卸压机理与围岩稳定性研究[D]. 淮南:安徽理工大学,2021.

[42] 马晨阳. 水下钻孔爆破作用下库岸边坡动力响应特征及稳定性评价[D]. 武汉:中国地质大学,2021.

[43] 罗笙. 爆破损伤对深埋隧洞岩爆孕育的影响机理及控制研究[D]. 武汉:武汉

大学,2021.

[44] 陈何.束状孔爆破机理及增强破岩作用模型研究[D].北京:北京科技大学,2022.

[45] 潘京京.带势的非线性Schr(?)dinger方程爆破解的质量集中性质[D].成都:电子科技大学,2022.

[46] 杨慧.几类具高初始能量的发展方程解的爆破性质研究[D].长春:吉林大学,2022.

[47] 吴廷尧.露天转地下开采边坡断层带爆破累积损伤及失稳特征研究[D].武汉:中国地质大学,2022.

[48] 李京.降雨和爆破影响下矿山高边坡软弱夹层流变特性及致滑机理研究[D].武汉:武汉科技大学,,2022.

[49] 潘博.某露天矿既有采空区失稳机理及爆破崩落治理研究[D].北京:北京科技大学,2022.

[50] 程兵.环向切缝装药爆破机理及其在掏槽爆破中的应用研究[D].淮南:安徽理工大学,2022.

[51] 李想.爆破扰动作用下深井马头门衬砌结构损伤机理及其控制研究[D].淮南:安徽理工大学,2022.

[52] 席正明.爆破作业[M].成都:四川大学出版社,2017.

[53] Petrosyan M I. Rock Breakage by Blasting [M]. Boca Raton:CRC Press,2018.

[54] Persson P A,Holmberg R,Lee J. Explosives [M]//Rock Blasting and Explosives Engineering. Boca Raton:CRCPress,2018:55-86.

[55] Spathis A,Noy M J. Vibrations from Blasting[M]. Boca Raton:CRC Press,2009.

[56] Ghose A K,Joshi A. Blasting in Mining—New Trends[M]. Boca Raton:CRC Press,2012.

[57] Singh P K,Sinha A. Rock Fragmentation by Blasting[M]. Boca Raton:CRC Press,2012.

[58] Yang Y Q,Gao Q C,Yu M S,et al. Experimental study of mechanism and technology of directed crack blasting[J]. Journal of China University of Mining and Technology,1995(2):69-77.

[59] Hu Y G, Yang Z W, Huang S L, et al. A new safety control method of blasting excavation in high rock slope with joints[J]. Rock Mechanics and Rock Engineering,2020,53(7):3015 − 3029.

[60] Wu Y K. Propagation characteristics of blast-induced shock waves in a jointed rock mass[J]. Soil Dynamics and Earthquake Engineering,1998,17(6):407 − 412.

[61] Liu C K, Yang M Y, Han H Y, et al. Numerical simulation of fracture characteristics of jointed rock masses under blasting load[J]. Engineering Comptations,2019,36(6):1835 − 1851.

[62] Li J C, Ma G W. Analysis of blast wave interaction with a rock joint[J]. Rock Mechanics and Rock Engineering,2010,43(6):777 − 787.

[63] Yang J H, Lu W B, Jiang Q H, et al. Frequency comparison of blast-induced vibration per delay for the full-face millisecond delay blasting in underground opening excavation[J]. Tunnelling and Underground Space Technology,2016,51:189 − 201.

[64] Xie L X, Lu W B, Zhang Q B, et al. Analysis of damage mechanisms and optimization of cut blasting design under high in situ stresses[J]. Tunnelling and Underground Space Technology,2017,66:19 − 33.

[65] Yang R S, Ding C X, Li Y L, et al. Crack propagation behavior in slit charge blasting under high static stress conditions[J]. International Journal of Rock Mechanics and Mining Sciences,2019,119:117 − 123.

[66] Wang Y B. Study of the dynamic fracture effect using slotted cartridge decoupling charge blasting[J]. International Journal of Rock Mechanics and Mining Sciences,2017,96:34 − 46.

[67] Yang X J, Liu C K, Ji Y G, et al. Research on roof cutting and pressure releasing technology of directional fracture blasting in dynamic pressure roadway [J]. Geotechnical and Geological Engineering, 2019, 37 (3): 1555 − 1567.

[68] Zheng Z T, Xu Y, Dong J H, et al. Hard rock deep hole cutting blasting technology in vertical shaft freezing bedrock section construction[J]. Journal of Vibroengineering,2015,17:1105 − 1119.

[69] Yang H S,Doo J K,Cho S H,et al. Numerical analysis on controlled tunnel blasting by deck charge[J]. Tunnel and Underground Space,2003,13(5): 403 – 411.

[70] Liu C Y. Rock-breaking mechanism and experimental analysis of confined blasting of borehole surrounding rock[J]. International Journal of Mining Science and Technology,2017,27(5):795 – 801.

[71] Li T,Chen M,Wei D,et al. Disturbance effect of blasting stress wave on crack of rock mass in water-coupled blasting[J]. KSCE Journal of Civil Engineering,2022,26(6):2939 – 2951.